edufood

온라인에서도 레시피팩토리와 함께해요

홈페이지 www.recipefactory.co.kr

애독자 카페 레시피팩토리 프렌즈 cafe.naver.com/superecipe

인스타그램 @recipefactory

네이버 포스트 레시피팩토리

유튜브 레시피팩토리TV

얼리버드 서비스 신청

레시피팩토리 신간 소식을 가장 먼저 문자로
받아보는 얼리버드 서비스를 신청하세요.

레시피 AS 서비스

따라 하다가 궁금한 점은 온라인 애독자 카페
'레시피팩토리 프렌즈' Q/A 게시판에 올려주세요.

"700여 개의 에듀푸드 중
아이들이 가장 재미있게 잘 먹어주었던
60가지를 골랐어요!"

톡톡맘 **곽윤희**

18년 차 디지털 에이전시 크리에이티브 디렉터이자 대학에서
시각디자인과 학생들을 가르치는 일을 병행하며 워킹맘으로
늘 바쁘게 생활했던 그녀는 코로나로 온라인 수업이 시작되면서
아이들 육아에 집중하기 위해 휴직을 하게 되었다.

직업 정신 때문인지 그녀는 삼시세끼를 챙기며 매일 차리는
지루한 밥상, 매일 먹는 지겨운 밥상에서 벗어나 이왕이면 재미있고
교육적인 내용까지 담은 그런 엄마표 교육밥상을 만들 순 없을지 고민했다.
이것이 '에듀푸드'의 시작이었다.

2년의 시간, 그녀는 두 아이를 위해 무려 700여 개에 달하는
에듀푸드를 만들었다. 아이들이 너무나도 신나게 참여하고 기다리니
하루도 거를 수 없었다.

현재 영재원을 다니는 두 아이들이 누구보다 창의적인 발상이 뛰어나다고
자부하는 그녀는 에듀푸드 활동이 아이들에게 많은 영향을 주었다고 생각한다.

13살 첫째는 대학 부설 과학 영재원에 다니며 도전을 두려워하지 않고
공부를 놀이로 소화시킬 줄 아는 긍정적인 아이로 자라주었다.
9살 둘째는 브로콜리를 나무로, 과자 부스러기를 흙으로,
한입 베어 먹은 피자를 공주님 드레스로 변신시키며 무한한 상상을
즐길 줄 아는 아이가 되었다. 잘 안 먹던 재료에 대한 편식도 개선할 수 있었다.

그녀는 '생각하고 기억하는 힘'이 있는 아이로 자라게 해준 마법 같은 비결
'에듀푸드'를 보다 많은 엄마들과 나누고자 이 책을 썼다.

이 책에는 700개 중 아이들이 특히 좋아했던 에듀퓨드를 엄선해 담았다.
아주 간단한 아이템부터 조금 난이도가 높은 것까지 창의력, 사고력, 과학,
상식, 독후활동에 걸쳐 분야별로 다양하게 소개했으니
아이 성향에 맞춰 하나씩 따라하다보면 엄마만의, 또 우리 아이만을 위한
기발한 에듀푸드도 만들게 될 것이다.

인스타그램 @edufood_mom
블로그 blog.naver.com/ttmam486

두 아이 영재로 키운 엄마표 교육밥상

Contents

006 엄마, 톡톡맘 곽윤희의 에듀푸드 이야기
010 첫째, 13살 라예의 에듀푸드 이야기
012 둘째, 9살 유솜이의 에듀푸드 이야기
014 에듀푸드가 더 쉬워지는 가이드

먹는 창의력

020 거꾸로 보았더니
022 콩나물 소녀
024 달팽이 나물 비빔밥
026 해파리 만두
028 거북이 케일 쌈밥
032 바나나 강아지&치타
036 수박 수영장 +아이랑
040 풍선 든 친구
044 바나나 차도 놀이 +아이랑
046 귤 그림 창의 놀이 +아이랑
048 브로콜리 동물의 숲 +아이랑
050 석류나무와 드레스 +아이랑
054 과자 피아노 +아이랑
056 도토리묵 기차
058 감태 선인장
060 가래떡 촛불 간식 +아이랑
062 김밥 케이크

먹는 사고력

066 식빵 칠교놀이 +아이랑
070 식빵 성냥개비 놀이 +아이랑
074 시리얼 색깔 패턴 목걸이 +아이랑
076 과자 6점 도미노 +아이랑
078 과일 카나페 스도쿠 +아이랑
080 토르티야 시계 +아이랑
082 식빵 아기 10 만들기 놀이 +아이랑
086 바다에서 볼 수 없는 것 찾기 +아이랑
090 미로 찾기 카레밥 +아이랑
092 달걀피자 분수 놀이 +아이랑
활동지를 활용하세요!
096 묶음과 낱개 과자 수 놀이 +아이랑
활동지를 활용하세요!

먹는 과학

100 치즈 달의 변화
104 태양계 행성
108 화산 폭발 볶음밥
110 채소 뼈 놀이
114 큰창자 낫토
116 곤드레밥 꽃의 구조
120 식물의 한살이 +아이랑
122 쌍떡잎식물 도토리묵과 부추전
126 사슴벌레와 장수풍뎅이
130 닭의 한살이

먹는 상식

136 유부초밥 영어 단어 +아이랑
140 사과 한글 놀이 +아이랑
142 김치전 나눌 分(분)
144 날 生(생)
148 해 日(일), 달 月(월), 불 火(화), 나무 木(목)
152 바늘 가는데 실 간다
154 고래 싸움에 새우 등 터진다
158 말이 씨가 된다
162 빗살무늬 토기와 돌도끼 팬케이크
166 복숭아 무궁화
170 김밥 태극기 +아이랑
174 꼬막 숭례문

먹는 독후 활동

180 피노키오 김밥 +아이랑
활동지를 활용하세요!
184 장난감 병정
186 인어공주 밥
190 신데렐라 유리구두 +아이랑
192 고흐 작품 밥
194 아인슈타인 크림 파스타
196 링컨 : 흑인과 백인 간식
200 김치볶음밥 세종대왕
204 알사탕 동동이
208 감자&고구마 독도

엄마,
톡톡맘 곽윤희의
에듀푸드 이야기

크리에이티브 디렉터로 일한 지 벌써 18년 차에 접어들었네요.
그 사이 결혼을 하고 두 아이의 엄마가 되었답니다. 아이들 어릴 적,
저는 아기자기한 요리를 만들어주는 걸 유난히 좋아했어요.
코로나 상황으로 휴식기를 가지면서 육아에 더욱 집중할 수 있게 되었고,
일에 쏟아야 할 창의적인 아이디어를 요리에 쏟기 시작하면서
'에듀푸드'가 탄생하게 되었습니다.
'에듀푸드'라는 단어를 들으면 처음에는 '이게 무슨 뜻이지?'하고
궁금증이 생길 거예요. '에듀푸드(edufood)'는 '교육(education)'과
'음식(food)'의 합성어로, 아이들이 먹는 음식에 독특하고 창의적인
아이디어를 더해 만든 '엄마표 교육용 밥상'이랍니다.
이렇게 탄생한 '세상 하나뿐인 단어, 에듀푸드'는 특허청 4개 분야에
상표 출원을 하게 되었고, <SBS 세상에 이런 일이>, <MBC 생방송 오늘
저녁>, <OBS 이것이 인생>, <YTN 황금나침반> 등 여러 방송사에도
소개되는 등 감사한 일이 많았어요.

먹는 사고력 · 창의력 · 과학 · 상식 · 독후 활동 등 다양한 주제의 에듀푸드를 먹으면서 자란 두 아이는 평범한 것에서도 새로운 것을 발견하고, 창의적인 생각을 자신 있게 펼칠 줄 아는 '생각의 힘'이 있는 아이들로 자라났어요. 두 아이가 에듀푸드를 경험하며 얻는 창의력, 탐구심 등 수많은 에너지를 지켜보며 '에듀푸드' 콘텐츠가 가진 힘에 대해 확신을 가지게 되었답니다. 학습적으로 접근하면 딱딱한 교육 주제들이 요리로 풀어주니 친근하고 재미있는 주제로 변신했고, 강요하지 않아도 요리 속에 담긴 중요한 정보들을 아이들 스스로 오래도록 기억하는 효과까지 있었으니까요.

"에듀푸드의 가장 큰 매력은 어렵지 않다는 것, 그리고 하루 3~4번은 차리는 밥상을 조금만 활용하면 누구나 경험해 볼 수 있다는 것이랍니다"

에듀푸드의 가장 큰 매력은 어렵지 않다는 것, 그리고 하루 3~4번은 차리는 밥상을 조금만 활용하면 구현이 가능하다는 것이랍니다. 대단한 재료나 도구를 따로 살 필요도 없고, 그저 작은 아이디어만 더해 '아이의 마음과 생각을 성장시키는 밥상'을 차릴 수 있게 도와주는 것이 바로 '에듀푸드'예요.

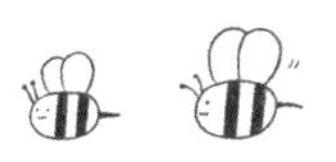

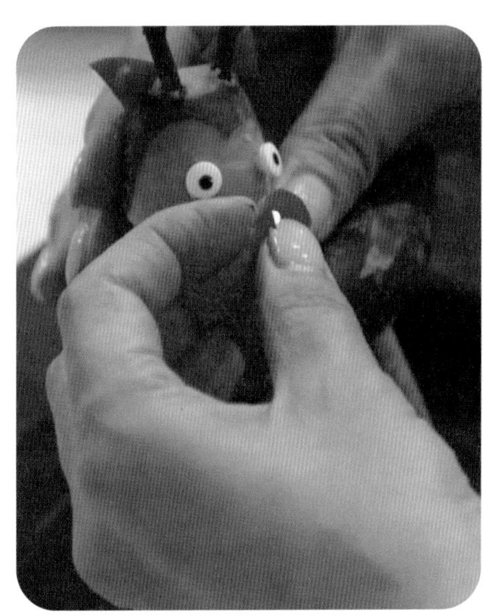

식사 시간에 어른들이 가장 많이 하는 잔소리가 "음식 가지고 장난치지 마라"잖아요. 에듀푸드는 "음식에 재미있는 장난을 더해보세요"라고 말하는 특이하고, 특별한 콘텐츠예요. 매일 차려야 하는 지루한 밥상, 매일 먹어야 하는 지겨운 밥상이 아닌 상상력과 창의력을 열어주는 재미있고 교육적인 밥상인 '에듀푸드'를 소개합니다.

에듀푸드는 단순히 '예쁘거나 귀여운 플레이팅'에 대한 이야기가 아닙니다. 아이들이 먹는 음식에 교육적인 의미를 담아 재미있고 독특하게 만드는 세상에 하나뿐인 '엄마표 밥상 교육', 이것이 바로 에듀푸드랍니다.
저희 두 딸이 먹고 즐긴 에듀푸드는 모두 700여 개 정도가 되는데, 그 중 아이들에게 가장 많은 사랑을 받고, 오랜 시간 기억되고 있는 60개를 꼽아 5개의 테마로 나누어 책 속에 담았습니다.

1. 먹는 창의력

에듀푸드의 가장 중요한, 그리고 기본이 되는 콘텐츠라고 할 수 있어요. 늘 보던 평범한 식재료의 놀라운 변신이 아이들의 상상력과 창의적인 생각을 마음껏 열어준답니다. 브로콜리는 큰 나무로, 바나나는 귀여운 강아지로, 만두는 흐물흐물 해파리로 변신한 모습들을 보면서 아이들은 창의적인 사고를 하는 힘을 키우게 됩니다. '먹는 창의력'을 자주 먹게 되면 일상생활 속에서 보던 평범한 것도 다른 시각으로 보고, 새로운 아이디어를 발견하는 '발상 능력'을 키울 수 있어요.

2. 먹는 사고력

아이들이 좋아하는 빵, 과자, 과일, 채소 등을 활용해 다양한 사고력 놀이를 만들어서 먹는 활동이에요. 사고력을 키우는 연습과 간식을 한 번에 해결할 수 있는, 엄마에게는 너무나 반가운 테마죠.
'사고력 문제'를 교재로 접하게 되면 다소 딱딱하고 지루한 느낌을 줄 수 있지만, 아이들이 좋아하는 식재료를 활용해서 접하게 도와주면 친근하고 재미있게 접근할 수 있어서 아이들 스스로 최고의 집중력을 보여 준답니다. 사고력 놀이가 모두 끝난 다음 아이와 재미있는 이야기를 나누며 꿀맛 같은 간식 시간도 꼭 가져 보세요.

3. 먹는 과학

아이들이 궁금해하는 생물, 식물, 지구과학 등의 과학 이야기를 밥이나 간식을 통해 배우는 시간이랍니다. '닭의 한살이'나 '식물의 한살이', '우주의 행성 이야기' 등 책으로 보면 어렵고 이해하기 힘든 과학 이야기들도 재미있게 먹으면서 배우면 아이들의 흥미를 유발할 수 있을 뿐 아니라 이야기 속 과학적 지식을 아이들 스스로 오래도록 기억하게 됩니다.

4. 먹는 상식

아이들이 알아두면 좋을 우리나라 속담, 한자, 영어 단어, 문화유산 등을 밥과 간식을 통해 익히는 콘텐츠들로 가득한데, 딱딱하기만 했던 상식들을 에듀푸드로 접하게 되어 아이들은 더욱 흥미롭게 상식을 익힐 수 있게 됩니다.

5. 먹는 독후 활동

아이와 함께 책을 읽고 책 속 주인공이나 인상적이었던 장면을 요리로 만들어서 엄마와 이야기를 나누며 먹어 보는 활동이랍니다. 책의 내용을 놀이로 접근하기 때문에 집중력이 약한 아이들도 지루함 없이 재미있게 참여할 수 있습니다.

문득문득, 어렸을 때 엄마가 차려준 밥상이 생각나지 않나요? 저는 미역국이랑 카레만 먹으면 친정 엄마의 밥상이 떠올라요.

이처럼 엄마의 밥상은 아이들이 커가는 시간 속에서 지친 마음을 토닥이고, 복잡해진 생각을 아름답게 어루만져 주는 '힘이 있는 추억'이 되어주는 것 같아요. 이토록 힘이 센 '엄마의 밥상'에 에듀푸드의 특별함이 더해지면 아이들에게는 이보다 더 특별한 선물이 없을 거예요.

이 책이 평소에 아이 교육을 어떻게 하면 재미있게 이끌어 줄 수 있을지 고민하는 엄마, 아빠에게 좋은 길을 열어주고, 아이들과 자연스럽게 대화를 나누는 것이 어려운 엄마, 아빠에게 좋은 벗이 되어 주길 바랍니다. 세상 모든 엄마, 아빠가 에듀푸드를 한 번이라도 만들어 보기를, 세상 모든 아이들이 에듀푸드를 한 번이라도 경험해 보기를 바라며 인사를 마칩니다.

special thanks.

첫째 라예, 둘째 유솜아.
엄마의 에듀푸드를 언제나 맛있고 즐겁게 먹어 주어 고마워.
에듀푸드를 시작하고, 계속해서 만들어 갈 수 있었던 건 우리 딸들이
'요리는 물론, 요리에 담긴 의미까지' 싹싹 맛있게 먹어 주었기 때문이야.
엄마의 요리를 마주하면 늘 세상 가장 환하게 웃어 주고, 세상 그 누구보다
강하고 밝게 빛나는 생각과 마음을 가진 아이들로 커주어서 너무나 고마워.
그리고 육아에, 요리에, 책 만들며 매일 우당탕탕 바쁘게 지내는 나를
늘 묵묵히 지켜봐 주고, 응원해 준 남편! 고맙고 사랑합니다.

첫째, 13살 라예의 에듀푸드 이야기

저는 어렸을 때부터 책을 좋아해서 엄마랑 책 읽는 시간을 많이 보냈어요.
어느 날 엄마가 책에 나오는 주인공을 밥으로 만들어 주셨는데 너무 똑같아서
깜짝 놀란 날이 있었어요. 제 배 속으로 들어 간 책 속 주인공 중 아인슈타인,
세종대왕, 피노키오, 동동이, 인어공주는 아직도 잊을 수가 없어요.
글자와 그림으로 채워진 책을 보는 것도 좋았지만, 세상에서 가장 재미있는 건
우리 엄마가 만들어 주시는 '먹는 동화책'이었어요.

한 번은 가족들과 경주에 여행을 갔었는데요, 그때 경주에서 보았던
문화유적지인 첨성대와 천마총을 엄마가 에듀푸드로 만들어 주셨어요.
첨성대는 식빵을 벽돌처럼 잘라 하나하나 쌓아 올려 만들어 주셨고,
천마총은 볶음밥을 감태로 덮어 잔디의 느낌을 내서 만들어 주셨는데
문화유산을 먹어보는 경험이 정말 새롭고 재미있었어요. 직접 가서 보았던
첨성대와 천마총을 먹으면서 경주 여행을 다시 한번 떠올리며
행복한 기분에 흠뻑 빠져 있기도 했어요.

저랑 엄마는 닮은 점이 많은데, 엄마도 저도 미니어처를 좋아해서 예쁜 미니어처를 함께 모아 저는 놀이할 때 사용하고, 엄마는 에듀푸드를 만들 때 사용해요. 엄마가 채소나 과일, 간식을 활용해서 작은 미니어처 세상을 만들어주면 엄마랑 동생이랑 간식도 맛있게 먹고, 역할 놀이를 하면서 노는데 이 시간이 저는 너무 좋아요.

엄마의 에듀푸드를 먹으면서 알게 된, 가장 신기하고 놀라운 점은 평범하게 늘 자주 보던 주변의 다양한 재료들에 상상력을 더하면 완전히 다른 존재들로 변신한다는 거예요. 만두가 해파리가 된다고 누가 상상이나 했겠어요? '엄마는 왜 만두로 해파리를 만들었을까?'하고 궁금증을 가지고 만두를 쳐다보면 자연스럽게 해파리의 특징들이 하나하나 발견하게 되는 게 너무 재미있고 즐거워요.

저는 요즘 대학 부설 과학 영재원에 다니고 있는데, 이런 도전을 할 수 있게 된 것도 엄마의 에듀푸드 덕분일지도 모른다고 생각해요. 엄마의 에듀푸드는 자유롭게 상상할 수 있게 해주고, 재미있게 공부할 수 있도록 도와주는 좋은 친구니까요.

내년이면 중학생이 되지만 어릴 때처럼 엄마의 요리를 먹으면서 정성과 사랑을 계속 느끼고 싶어요. 중학생 밥상에는 어떤 에듀푸드가 나올까요? 사실 저, 엄청 엄청 기대하고 있어요! 그리고 저도 커서 나중에 결혼을 하게 되면 제 아이들에게 에듀푸드를 꼭 해주고 싶어요. 에듀푸드가 아이들을 얼마나 즐겁고 행복하게 해주는지 저는 잘 아니까요! 마지막으로 늘 저희들에게 요리로 즐거움을 주시는 엄마! 정말 정말 감사합니다.

"엄마의 에듀푸드는 자유롭게 상상할 수 있게 해주고, 재미있게 공부할 수 있도록 도와주는 좋은 친구니까요"

둘째,
9살 유솜이의
에듀푸드 이야기

엄마가 만들어 주신 에듀푸드 중에서 가장 기억에 남는 건 <늑대와 빨간 모자>에 나오는 주인공을 밥과 반찬으로 똑같이 만들어 주셨을 때예요.
접시 위에 있는 빨간 모자가 너무 귀여워서 밥 먹는 동안 엄마한테 동화책을 계속 읽어 달라고 했었어요. 그리고 저는 반찬 중에 콩나물무침을 너무 좋아하는데, 콩나물이 사람 머리카락으로 변신해 있는 요리도 너무 재미있고 좋았어요. 젓가락으로 콩나물 머리카락을 먹으면서 제 마음대로 헤어스타일을 바꾸기도 했는데 그러는 사이 콩나물무침을 다 먹어 버려서 몇 번이나 더 달라고 해서 콩나물무침을 엄청 많이 먹은 날도 있었어요. 아! 맞다! 바나나 강아지도 너무 좋아하는 메뉴예요. 초코 시리얼로 바나나 강아지에게 밥을 줄 때 진짜 강아지를 키우는 것처럼 신나고 행복해요.

에듀푸드가 정말 신기하다고 느낀 건, 평소에 먹기 싫어했던 채소도 엄마가 에듀푸드로 만들어 주시면 먹어 보고 싶고, 만져 보고 싶어진다는 거예요.
저는 파랑 콜라비를 제일 싫어하는데, 그 재료들로 재미있는 인형을 만들어서 역할 놀이를 같이 해 주신 날에는 파랑 콜라비를 맛있게 먹을 수 있었어요.
그리고 저는 과학이랑 수학을 좋아하는데 공부를 하다 보면 엄마가 만들어

“신기하게도 평소에
먹기 싫어했던 채소도
엄마가 에듀푸드로 만들어 주시면
먹어 보고 싶고,
만져 보고 싶어져요”

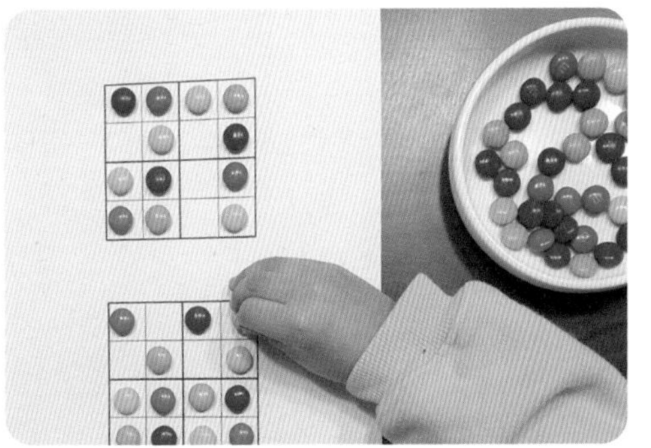

주신 에듀푸드로 배운 숫자랑 행성, 식물, 동물에 대한 이야기들이 머리에 하나둘씩 떠올라요. 요리의 모습이랑 엄마가 들려준 이야기들이 스르르 머리에 떠오르면서 문제가 더 쉽게 느껴지고, 공부도 더 재미있게 느껴지는 것 같아요.

에듀푸드는 저에게 많은 것을 상상하게 해줘요. 길이나 마트에서 보게 되는 재료나 풍경들이 색다른 모습으로 변신해서 눈앞에 펼쳐질 때가 많아요. 브로콜리는 나무 같아 보이고, 과자 부스러기는 흙 같아 보이고, 한입 베어 먹은 피자가 공주님 드레스 같아 보이는데 그럴 때면 좋아하는 만화를 보는 것처럼 기분이 너무 좋아져요.

앞으로 먹어 보고 싶은 에듀푸드는 전래동화 <콩쥐 팥쥐>예요. 콩쥐팥쥐 이야기가 너무 재미있어서 정말 여러 번 읽고 또 읽었는데, 그 이야기를 엄마가 요리로 만들어 주면 어떤 모습이 될지 너무 궁금해요. 이 편지를 엄마가 보면 어느 날 서프라이즈로 만들어 주실지도 모르겠어요.

엄마가 열심히 만들어 주시는 에듀푸드를 먹으면서 가장 좋은 건 엄마랑 이야기를 많이 많이 나눌 수 있다는 거예요. 엄마랑 이야기를 나누다 보면 ‘엄마가 나를 정말 사랑하고 있는 것 같아’라는 행복한 기분이 들어요. 우리 엄마처럼 이렇게 재미있고 맛있는 요리를 만들어 줄 수 있는 엄마는 세상에 없을 거예요!
“세상에서 제일 멋진 우리 엄마! 정말 정말 사랑해요. 앞으로 더 재미있고 맛있는 에듀푸드 간식 많이 만들어 주세요.”

에듀푸드가
더 쉬워지는
가이드

초코 펜 사용법

1 에듀푸드에서 요리를 꾸밀 때 자주 등장하는 재료가 바로 초코 펜이랍니다. 초코 펜은 치약처럼 플라스틱 튜브 속에 들어 있고 한 손에 쏙 들어오는 아담한 크기여서 사용하기 편리해요. 다크, 화이트, 딸기, 멜론, 바나나 등 여러 종류의 맛과 색이 있어 다양한 풍미와 색감을 내는데 꼭 필요한 재료랍니다.

2 사용 전, 초코 펜이 충분히 담길 정도의 용기에 초코 펜을 넣고 50°C 이하의 따뜻한 물에 담가 튜브 안에 내용물이 녹으면 뚜껑을 열고 사용하면 됩니다. 이때, 물의 온도가 너무 뜨거우면 내용물이 물처럼 흘러나와 사용이 불편할 수 있으니 물 온도를 꼭 지켜 주세요.

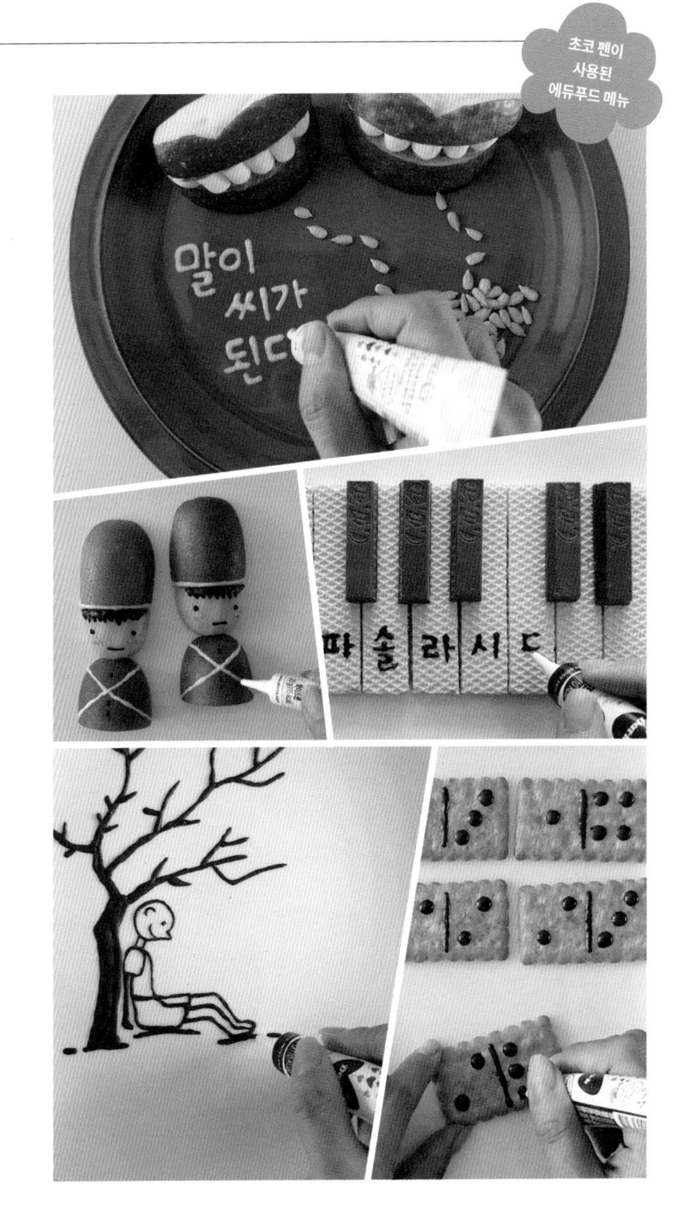

초코 펜이 사용된 에듀푸드 메뉴

짤주머니 사용법

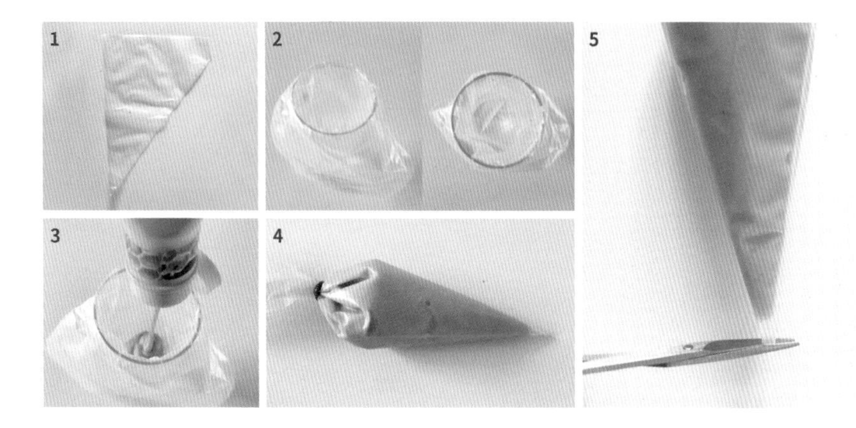

1 각종 소스를 활용해 디테일한 부분에 다양한 색을 더하거나 접시나 음식에 글자를 써 올릴 때 꼭 필요한 짤주머니! 미니 사이즈 짤주머니를 묶음으로 사두면 요리에 디테일한 장식을 더하는데 유용하게 사용할 수 있어요.

2 짤주머니 안에 각종 소스를 넣을 때는 사진과 같이 길고 투명한 컵 안에 짤주머니를 씌운 다음 소스를 넣으면 내용물이 밖으로 세거나 흐리지 않아 깔끔하게 준비할 수 있어요.

3 소스를 짜서 짤주머니 안에 넣어 주세요.

4 컵에서 짤주머니를 빼 낸 다음, 고무줄로 끝부분을 묶어 소스가 밖으로 새어 나오지 않도록 마무리해 주세요.

5 짤주머니의 뾰족한 끝부분을 가위로 잘라 주세요. 이때 끝부분을 넓게 자르면 굵은 선을 그릴 수 있고, 좁게 자르면 가는 선을 그릴 수 있답니다.

짤주머니가 사용된 에듀푸드 메뉴

미니어처 소품 활용법

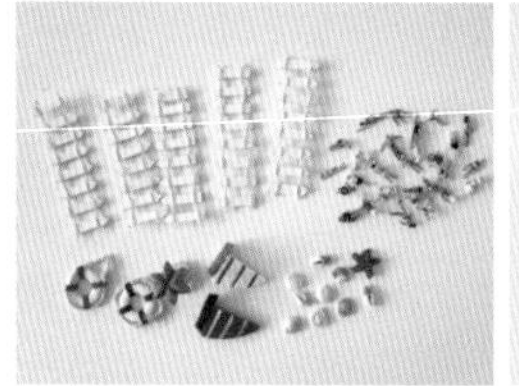

평소 마음에 드는 미니어처 소품이 보이면 구입해 두었다가, 입체감이 필요한 요리나 공간감을 채워야 하는 요리를 꾸며 줄 때 사용하면 에듀푸드가 더욱 리얼하게 완성됩니다. 미니어처로 꾸민 요리는 분위기가 극대화되어 아이들의 상상력을 자극하고, 요리를 맛있게 먹은 다음 재미있는 역할 놀이를 즐기기에도 좋아요.

미니어처가 사용된 에듀푸드 메뉴

에듀푸드 도구 소개

미니 공예용 가위
과일이나 채소, 빵, 김 등을 활용해 모양을 낼 때 미니 공예용 가위를 사용하면 섬세한 형태를 쉽게 만들 수 있어요.

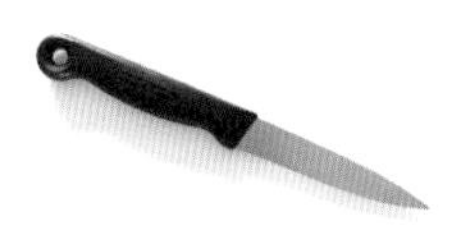

과도
끝이 예리하고 뾰족한 형태의 과도가 좋으며 과일이나 채소로 글자를 만들 때, 삶은 달걀을 활용해 모양을 낼 때 유용하게 사용할 수 있어요.

빨대
굵은 빨대(스무디 빨대)와 얇은 빨대(일반 빨대)를 잘라서 치즈 등을 찍어 모양을 낼 때 사용하면 바르고 예쁜 동그라미 모양을 완성할 수 있어요.

요리용 핀셋
김, 달걀지단, 치즈 등의 재료를 손질해 접시에 올릴 때 사용하면 섬세한 작업을 더욱 편리하게 할 수 있어요.

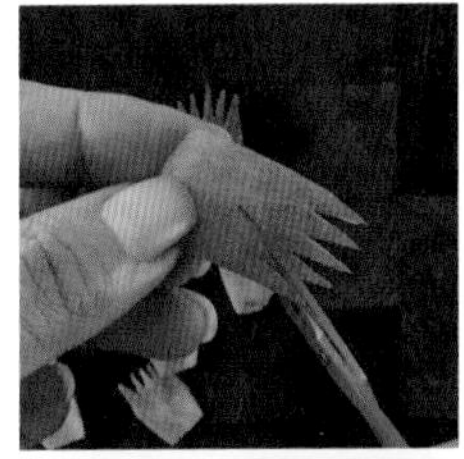

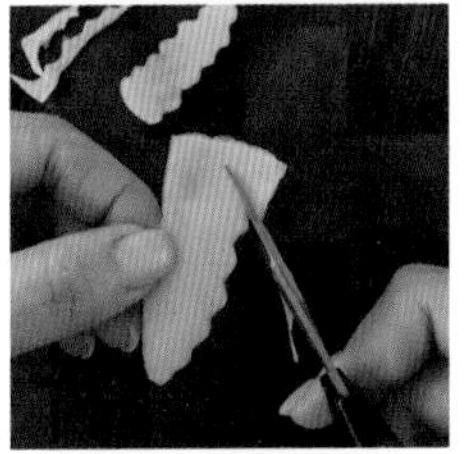

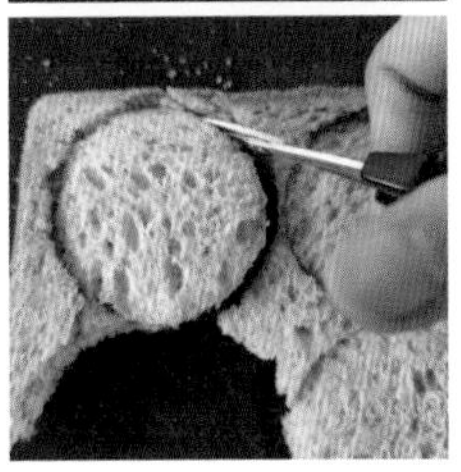

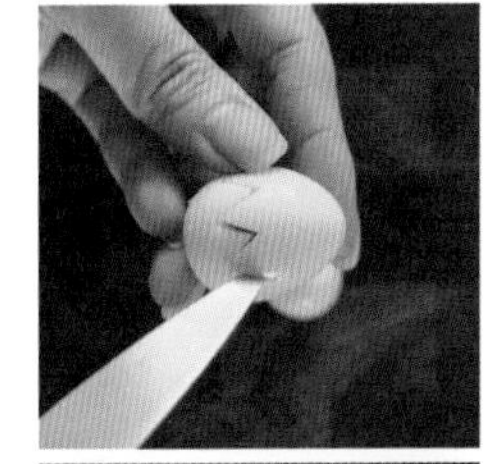

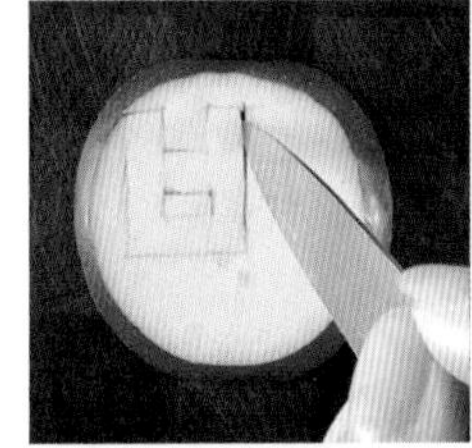

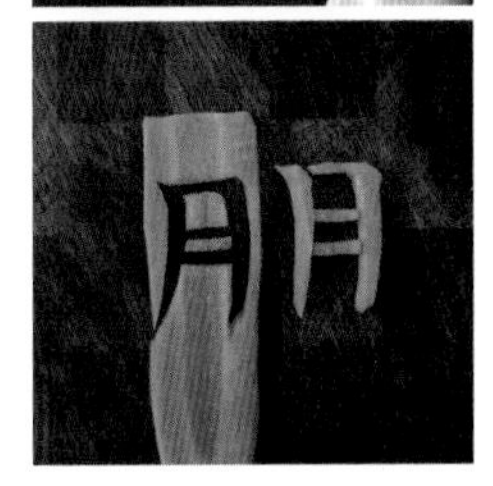

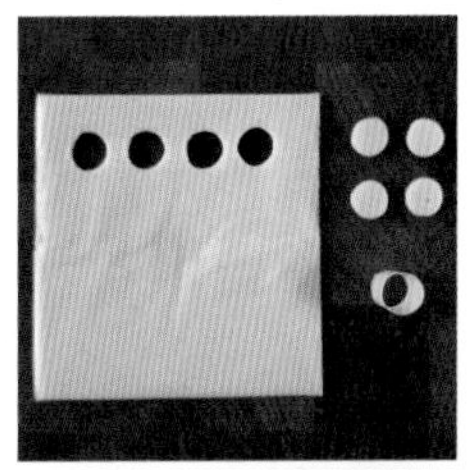

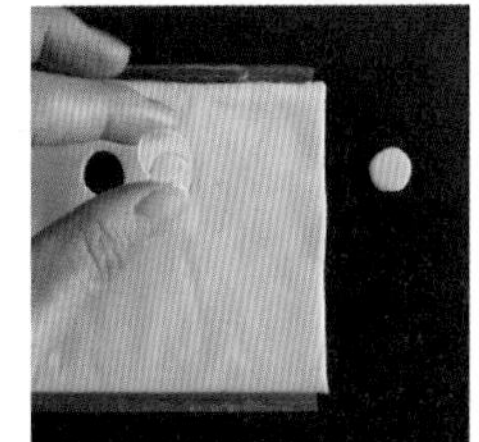

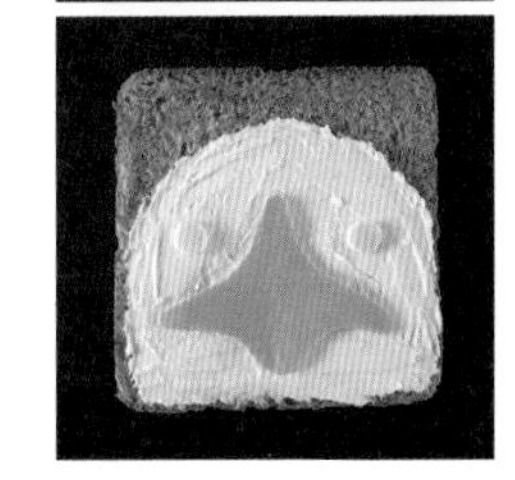

재료 분량 가이드

레시피별 재료 소개에는 간이 더해져 맛을 내는 양념 재료, 김치전과 같이 묽기가 중요한 재료, 모양을 완성하기 위해 일정량이 꼭 필요한 재료에만 분량을 표시했습니다. 그 외 재료들은 자녀 수 등에 맞추어 자유롭게 준비해 주세요.

먹는 창의력

호기심을
자극하는 요리를
만들어 볼까요?

"우와!" 먹는 창의력은 아이들의 놀라운 감탄이 끊이지 않는 '흥미진진한 테마'입니다.
평범한 식재료가 전혀 생각하지 못한 새로운 모습으로 변신한 걸 본 아이들은
자기만의 독특하고, 창의적인 아이디어를 발견하고 표현하는데 적극적인 아이가 됩니다.
나무로 변신한 브로콜리, 강아지로 다시 태어난 바나나, 해파리가 된 만두.
얼마나 재미있는 변신을 보게 될지, 벌써부터 기대되지 않나요?

거꾸로 보았더니

접시를 거꾸로 돌리면 무슨 일이 일어날까요?
바로 보면 '꽥꽥 귀여운 오리',
거꾸로 보면 '바다를 헤엄치는 멋진 가오리'!
식빵 한 조각에서 발견하는 놀라운 두 얼굴.
그리고 하나의 접시에 담긴 두 가지 그림!
아이들의 관찰력에 자유롭고 창의적인
감각을 심어주는 에듀푸드 레시피를 소개합니다.
접시를 돌리는 순간, "우와! 다른 그림이 있었어"라며
신이 난 목소리로 감탄하는 아이의 즐거운 모습을
볼 수 있을 거예요.

아이와 이렇게 함께하세요!

식빵 위 귀여운 오리를 보여주며 거꾸로 돌리면 어떤 모습이 나올지 질문을 던지고, 아이 스스로 다양한 상상을 할 수 있도록 여유롭게 기다려 주세요.
접시를 돌려 보여 주면서 '아이가 상상한 그림이 담겨 있는지, 어떤 그림이 담겨 있다고 생각했는지' 여러 대화를 나누어 보세요.
하나의 그림 또는 현상 속에 두 가지, 혹은 더 다양한 모습과 성질이 숨어 있을 수 있다는 것을 알려 주며 아이의 생각과 관찰력에 자유를 선물하세요.

재료

- 곡물식빵 1장
- 크림치즈
- 슬라이스치즈 1장
- 다크초코 펜
- 화이트초코 펜
- 핑크초코 펜

도구

- 잼 칼
- 가위 또는 과도
- 스무디 빨대

곡물식빵을 토스트기에 넣어 노르스름한 색이 나도록 굽고, 그 위에 크림치즈를 긴 반달 모양으로 발라 주세요.

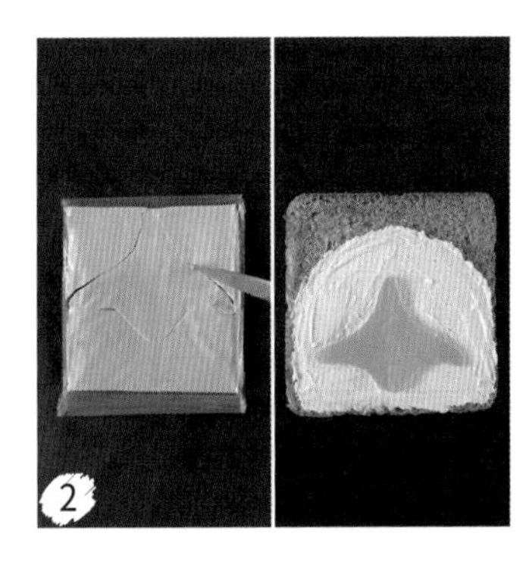

슬라이스치즈를 가위 또는 과도로 잘라 가오리 모양으로 만든 다음, 크림치즈 중앙에 올려 주세요.

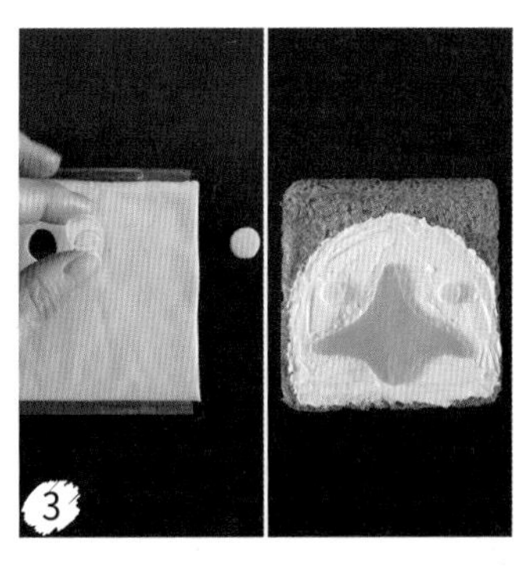

지름 1cm 정도의 스무디 빨대를 이용해서 치즈를 찍어 동그라미 두 개를 만들고, 오리 눈을 연출하세요.

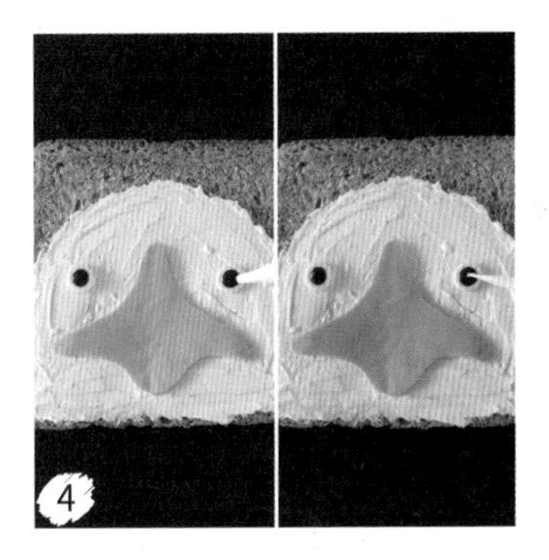

다크초코 펜을 사용해 오리 눈 모양 치즈 위를 넓고 얇게 칠한 다음, 끝이 뾰족한 나무 꼬지에 화이트초코를 살짝 묻혀 눈동자를 찍어 눈을 완성하세요.

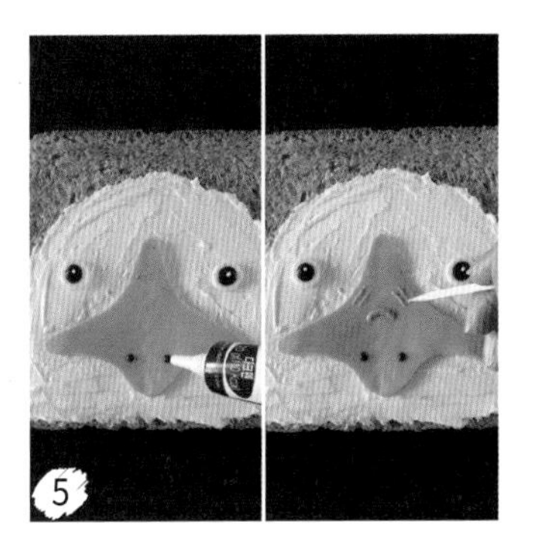

다크초코 펜을 사용해 오리 콧구멍을 찍어 주고, 핑크초코 펜으로 콧등 위 무늬를 그려 오리 얼굴을 완성하세요.

접시 위에 완성된 토스트를 올려 담아 아이에게 다양한 각도로 보여 주며 다양한 생각을 펼칠 수 있도록 즐거운 시간을 선물해 보세요.

콩나물 소녀

아삭아삭 매력적인 식감을 가진
콩나물무침 반찬! 콩나물무침을
만들던 중에 빨갛게 무쳐진 콩나물이
마치 빨강 머리 앤의 머리카락과
닮은 것 같다는 생각을 하게 되었어요.
마요네즈로 소녀 옆모습을 그리고
콩나물을 올리면 접시 위에 한 폭의
아름다운 초상화가 완성된답니다.
소녀의 모습은 물론 말괄량이
뽀글머리 소녀, 개구쟁이 번개머리
소년 등 다양한 모습을 접시 위에
그려 낼 수도 있답니다.

아이와 이렇게 함께하세요!

콩나물의 특성을 살려 자유롭게 다양한 헤어스타일을 표현해 보세요. 강아지, 고양이 등 다양한 동물의 털을 콩나물무침으로 표현해도 좋아요.
콩나물무침을 한 젓가락 먹을 때마다 변하는 이미지가 재미있어서 아이들 스스로 콩나물을 맛있고 즐겁게 먹게 된답니다.

재료

- 콩나물무침
- 마요네즈

콩나물무침 양념

- 콩나물 300g
- 다진 마늘 1/2큰술
- 국간장 1/2큰술
- 소금 2/3큰술
- 통깨 1/2큰술
- 참기름 1큰술
- 고춧가루 약간

도구

- 짤주머니
- 검은색 접시
- 이쑤시개

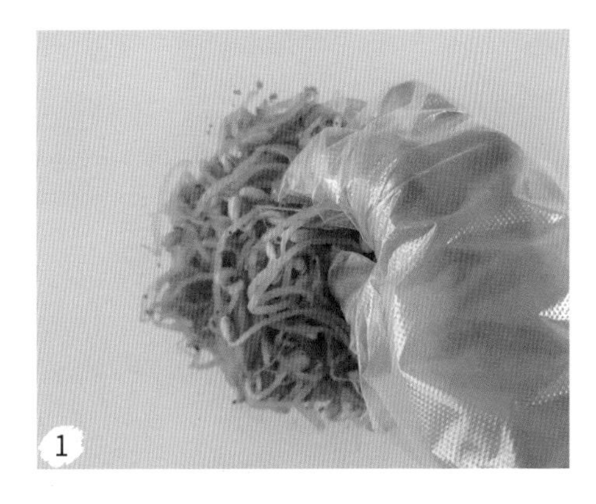

1

콩나물은 깨끗하게 씻어 끓는 물에 소금과 함께 넣고 4~5분 정도 삶으세요. 콩나물의 물기를 뺀 다음 국간장, 다진 마늘, 참기름, 통깨, 소금, 고춧가루를 넣어 살살 버무려 주세요.

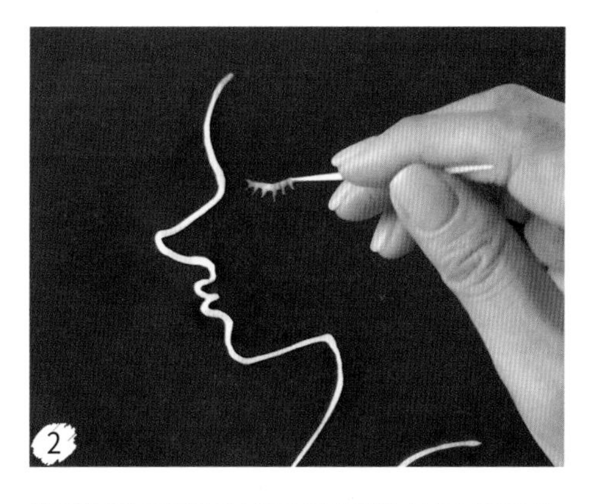

2

짤주머니에 마요네즈를 넣고, 접시 위에 소녀의 옆모습을 그려 주세요. 그리고 이쑤시개를 이용해서 우아한 느낌의 속눈썹을 그려 주세요.

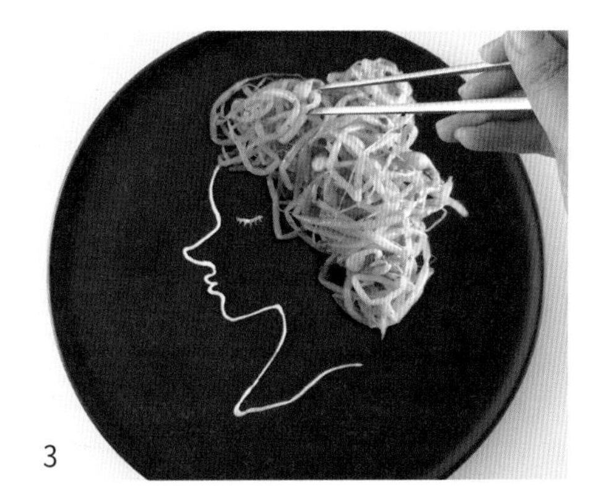

3

소녀 그림의 머리 부분에 콩나물무침을 올려 예쁜 헤어스타일을 완성해 주세요.

4

다양한 얼굴을 만들어 보고 싶다면! 마요네즈로 소년의 얼굴을 그린 다음 콩나물무침을 올려 개구쟁이 친구도 완성해 보세요.

달팽이 나물 비빔밥

몸에는 너무 좋지만 아이들의 입맛과는 거리가 먼 나물. 잔소리 없이도 나물을 잘 먹는 아이의 모습이 간절하다면, 달팽이 나물 비빔밥을 만들어 보세요. 비빔밥 위에 올리는 재료를 살짝만 다르게 배치하면 아이들의 호기심을 자극하는 달팽이로 변신시킬 수 있답니다. 영양만점 찰밥은 달팽이의 몸통으로, 삼색나물과 달걀 프라이는 귀여운 달팽이집으로 꾸며 즐거운 식사 시간을 만드세요. 그릇에 담긴 달팽이와 인사 나누고 쓱쓱 비벼서 맛있게 먹으며 달팽이에 대한 다양한 이야기를 나누어 보는 것도 좋아요.

아이와 이렇게 함께하세요!

아이들에겐 그저 평범하기만 한 찰밥과 삼색나물을 활용해 달팽이 모양의 비빔밥을 만들어 식탁 위에 올리면 아이들의 창의력에 힘이 생깁니다. 익숙하고 평범한 재료가 새로운 오브제로 재탄생되는 것은 상상력을 자극하는데 큰 도움이 되니까요. 식사를 하며 아이와 함께 달팽이의 특징에 대해 이야기를 나누어 본다면 아이들은 그 순간 듣고, 배우고, 느낀 것을 아주 오랜 시간 기억할 거예요.

재료

- 찰밥
- 시금치나물
- 고사리나물
- 콩나물
- 달걀
- 식용유
- 당근
- 케첩
- 다크초코 펜

도구

- 짤주머니
- 가위 또는 과도

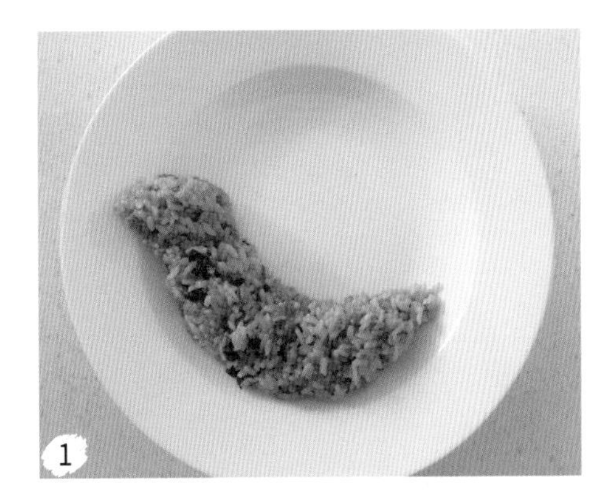

찰밥으로 달팽이 몸통 모양을 만들어 접시 위에 올려 주세요.

달걀은 반숙으로 프라이를 해서 찰밥 몸통 위에 올려 주세요.

달걀 프라이 노른자를 중앙에 두고 고사리나물, 시금치나물, 콩나물을 사진과 같이 올려 주세요.

당근을 달팽이 눈 모양으로 잘라 머리 부분에 꽂고, 다크초코 펜으로 눈동자를 찍어요. 짤주머니에 케첩을 넣어 노른자 위에 나선 모양을 그리면 달팽이 나물 비빔밥 완성! 비빔밥을 먹으며 달팽이에 대한 이야기를 나누어 보세요.

해파리 만두

출출한 오후면 아이들을 위해 물만두를
자주 준비한답니다. 만들기도 간편하고,
맛도 좋고, 소화도 잘되어 오후 간식으로
이만한 게 없죠!
어느 날, 다 익은 물만두가
아쿠아리움에서 보았던 해파리와
닮았다는 생각을 하게 되었어요.
숙주나물로 해파리의 촉수를 꾸며
파란 접시 위에 올렸더니 자유롭고
평화롭게 헤엄치는 해파리 떼가 눈앞에
짠하고 나타났지 뭐예요. 슬라이스치즈로
물고기를 만들어 해파리 사이사이를
채웠더니 정말이지 한 폭의 아름다운
아쿠아리움이 완성되었어요.

아이와 이렇게 함께하세요!

해파리 찐만두를 먹으며 아이들과 깊은 바닷속에서 스스로 빛을 내며 헤엄치는 해파리에 대해 이야기를 나누어 보세요. 해파리 몸의 구조에 대해서 알아보고 다리에 붙어 있는 촉수를 이용해서 먹이를 잡아먹는다는 것도 이야기해 주면 아이들은 어느새 해파리 박사가 되어 있을 거예요.

재료

- 냉동 물만두
- 숙주무침
- 슬라이스치즈
- 검은깨

숙주무침 양념

- 숙주 300g
- 국간장 1큰술
- 고운 소금 1/2큰술
- 통깨 1/2큰술
- 참기름 1큰술

도구

- 찜기
- 파란색 접시

1 물이 팔팔 끓으면 만두를 담아둔 찜기를 냄비 위에 올려 뚜껑을 덮고 5분 정도 쪄 주세요. 동그란 만두, 미니 만두 등 다양한 모양의 만두를 골고루 찌면 더욱 실감 나는 해파리 만두를 만들 수 있어요.

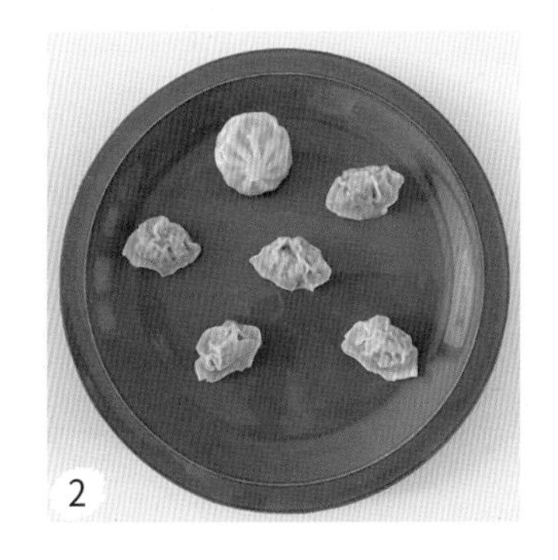

2 찐만두는 한김 식힌 다음, 접시 위에 6개 정도 올려 주세요.

3 숙주는 깨끗이 씻어 끓는 물에 고운 소금 1/2큰술과 함께 넣고 1분 정도 데쳐 꺼낸 다음, 체에 밭쳐 물기를 빼고 국간장, 고운 소금, 통깨, 참기름을 넣고 조물조물 무쳐 주세요.

4 해파리의 자유로운 움직임을 생각하며 숙주나물을 젓가락으로 한 가닥씩 집어 만두 아래쪽에 해파리의 촉수처럼 배치하세요.

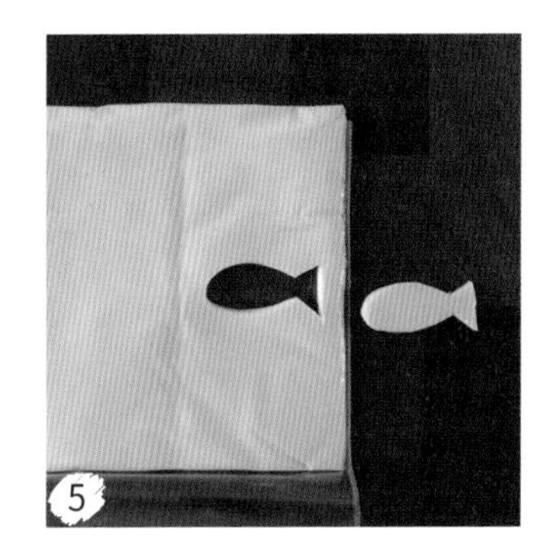

5 가위 또는 과도를 이용해서 슬라이스치즈를 잘라 작은 물고기 모양을 만들어 주세요.

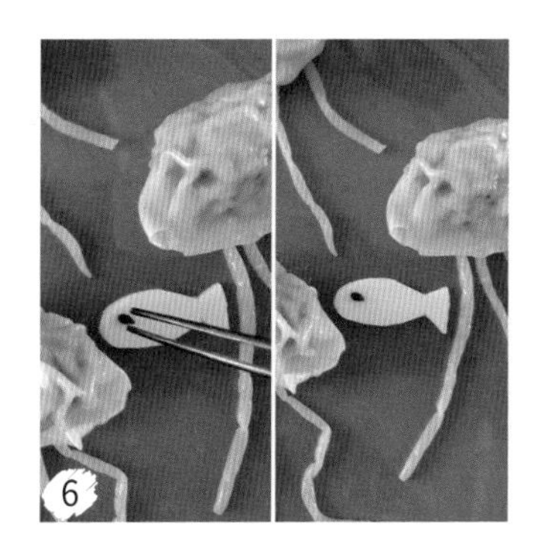

6 만두 사이에 물고기 치즈를 배치한 다음, 검은깨를 붙여 눈을 만들어 주세요.

거북이 케일 쌈밥

케일에는 아이들의 눈을 건강하게 지켜주는
루테인과 제아잔틴은 물론 비타민C, 비타민E 등의
영양분이 들어 있고, 강력한 항산화 성분까지
풍부한 슈퍼푸드랍니다. 케일은 면역력
향상에도 도움이 되는 식재료로 외부 자극으로부터
아이 스스로 몸을 지켜낼 수 있도록
힘을 키워주는 고마운 채소에요.
이렇게 몸에 좋은 케일을 아이들이 맛있게 먹는다면
얼마나 좋을까요? 이번에는 에듀푸드와 함께
케일 잘 먹이기 대작전을 세워보아요.
케일의 겉면을 자세히 보면 잎맥 모양이
거북이 등껍질과 닮았다는 걸 발견할 수 있어요.
케일을 살짝 쪄서 밥을 품은 동그란 쌈으로
만든 다음, 오이를 활용해 귀여운 거북이로 변신시켜 보세요.
접시 위에 놀러 온 귀여운 거북이 케일 쌈밥 군단은
아이들에게 인기 만점의 에듀푸드 메뉴랍니다.

아이와 이렇게 함께하세요!

아이들과 거북이 케일 쌈밥을 먹으며 거북이 몸의 구조인 머리, 목, 몸통, 다리, 꼬리에 대해서 이야기 나누어 보세요.
케일의 잎맥 모양과 비슷한 거북이 등껍질 무늬의 특징에 대해서도 이야기하며 특별한 거북이 탐험 시간을 만들어 보세요.

재료

- 케일
- 밥
- 돼지고기 목살구이
- 오이
- 쌈장
- 검은깨

도구

- 찜기
- 요리용 핀셋

흐르는 물에 케일을 한 장씩 씻어 주세요. 물이 끓기 시작하면 찜기 위에 얹어 숨이 죽을 때까지 살짝 쪄 한김 식혀 주세요.

한김 식힌 케일의 줄기 끝부분을 자르고, 접시 위에 올려 주세요.

케일 위에 밥, 돼지목살 구이, 쌈장을 적당량 올려 주세요. 아이가 쌈장 맛을 어려워한다면, 간장을 활용해 간을 더해줘도 괜찮아요.

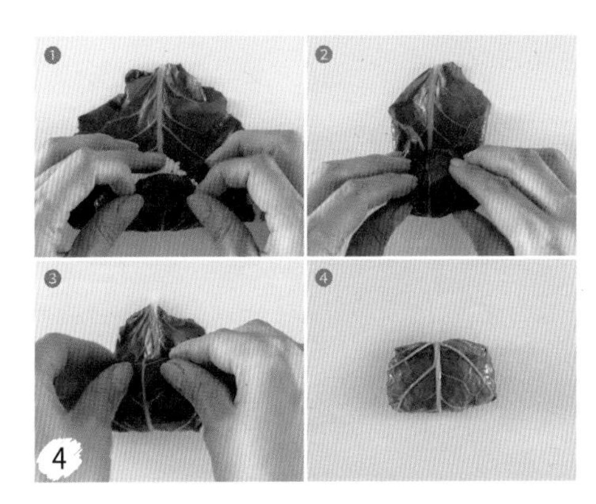

사진의 순서와 같이 케일의 아랫부분을 살짝 말아 올린 다음, 양옆을 접어 돌돌 말아서 케일 쌈을 완성하세요.

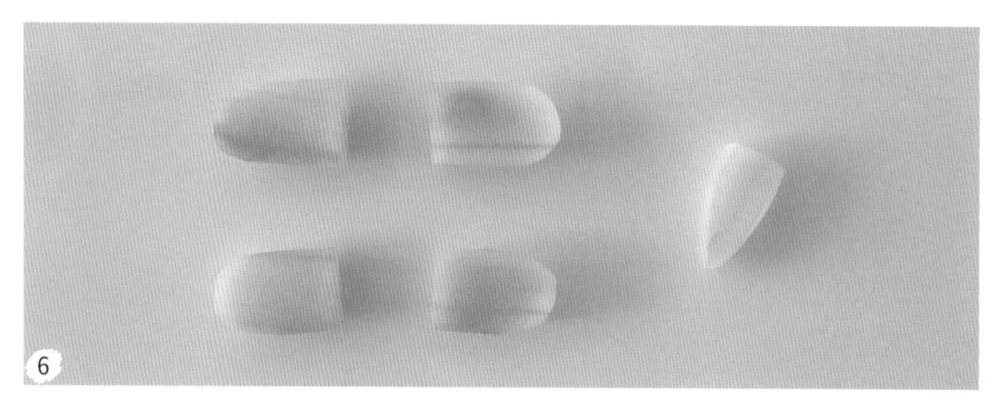

6

오이를 2×1cm 크기의 직사각형 모양으로 잘라 거북이 다리를 만들어 주세요. 과도를 이용해 다리 앞쪽 부분을 동그랗게 깎아 더욱 실감 나는 거북이 다리를 연출해 보세요. 남은 오이를 2cm 크기의 세모 모양으로 잘라 거북이 꼬리까지 만들면 장식용 오이는 모두 완성!

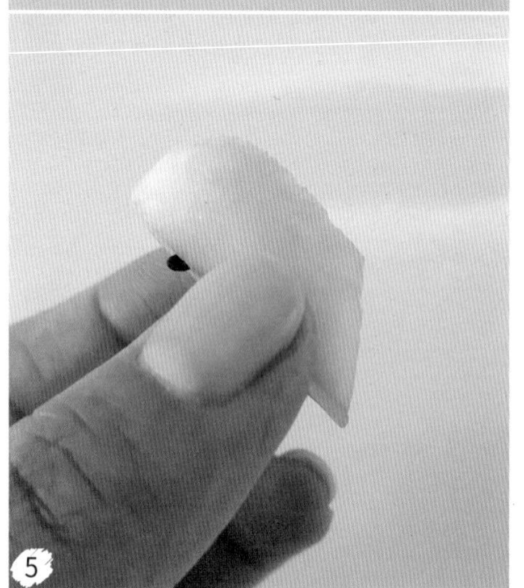

5

오이를 깨끗하게 씻은 다음 껍질을 벗기고 3×1.5cm 크기의 직사각형 모양으로 잘라 주세요. 과도를 이용해 한 쪽을 동그랗게 깎아 얼굴 모양을 만들고, 반대쪽은 사선으로 평평하게 잘라 거북이의 목이 되도록 손질하세요. 그다음 검은깨로 눈을 붙여 주세요.

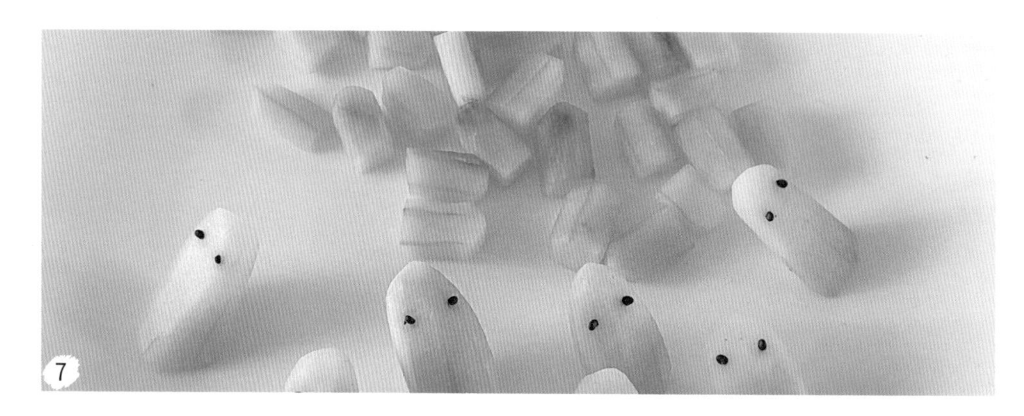

7

거북이 한 마리에 필요한 오이 조각(얼굴 1개, 다리 4개, 꼬리 1개)을 쌈 개수에 맞춰 만들어 주세요.

오이로 만든 거북이 머리를 케일 쌈밥 앞쪽에 놓아 주세요.

오이로 만든 거북이 다리 4개를 케일 쌈밥 앞쪽에 2개,
뒤쪽에 2개씩 놓아주세요. 그다음 쌈밥 뒤쪽에는 꼬리를
놓아 거북이 모양을 완성해 주세요.

나머지 케일 쌈에도 똑같은 방법으로 오이를 배치해
거북이 모양을 만들어 귀여운 거북이 군단을 완성해
보세요.

바나나 강아지&치타

바나나의 특징과 형태를 잘 살리면
재미있는 창의 작품을 만들 수 있어요.
흔히 보고 먹는 식재료에 상상을 더해
재미있는 변화를 더하고, 그 변화를
통해 생각의 유연함을 키우는 것이
바로 '에듀푸드'랍니다.
길고 노란 바나나가 귀여운 강아지로
변신한 모습을 보며 다양한 역할
놀이도 즐겨 보고, 바나나 치타를
만들어 공기 접촉, 온도 변화 등으로
식재료의 색깔과 맛이 변해가는
과정에 대해 이야기해 보세요.

아이와 이렇게 함께하세요!

바나나 강아지에게 시리얼 밥을 주고, 물도 주면서 직접 강아지를 키우는 것과 같이 역할 놀이도 즐겨 보세요. 그리고 치타 무늬와 갈변이 진행된 바나나 껍질의 무늬가 서로 닮은 점이 무엇인지 이야기 나누며 깊은 관찰력을 키워 보세요. 바나나의 갈색 점박이가 치타의 얼룩무늬가 될 수 있다는 것에 아이들은 한계 없는 상상력을 배우게 된답니다.

바나나 강아지 재료

- 바나나 2개
- 다크초코 펜

바나나 강아지 도구

- 이쑤시개
- 가위 또는 과도

바나나 치타 재료

- 바나나 2개
- 바나나 껍질

바나나 치타 도구

- 검정 유성펜
- 이쑤시개
- 가위 또는 과도

바나나 2개를 준비해, 1개는 1/3 지점을 기준으로 강아지 몸통 재료로 자르고, 하나는 1/2 지점을 기준으로 강아지 얼굴 재료로 잘라 주세요.

1/2 비율로 자른 바나나의 앞 부분을 강아지 귀 모양이 되도록 양쪽을 가위로 자르고, 남은 부분의 바나나는 잘라내 사진과 같이 귀가 쫑긋하게 나오도록 만들어 주세요.

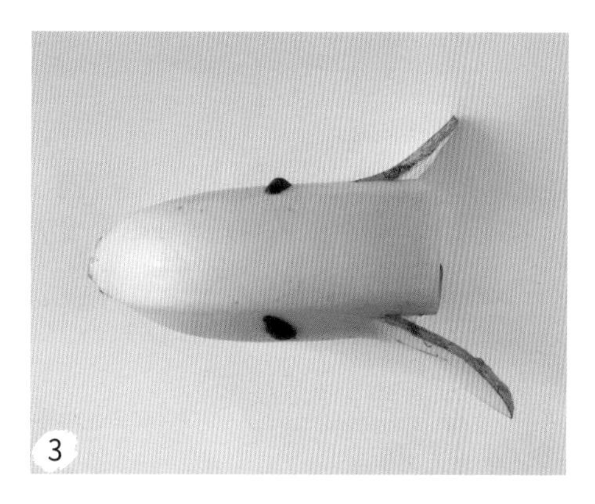

다크초코 펜으로 강아지 눈을 그려 주세요.

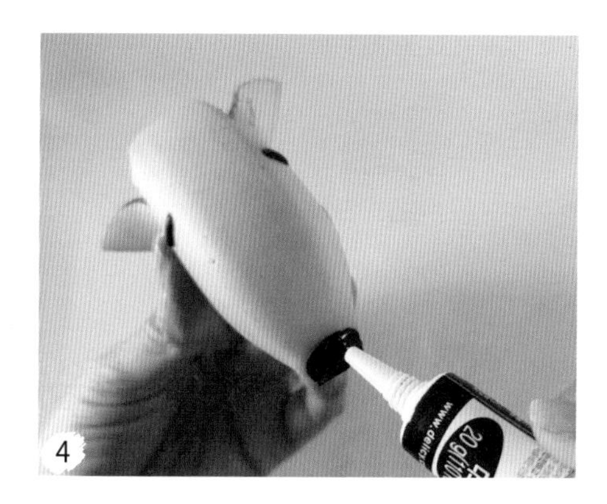

다크초코 펜으로 강아지 코를 그려 주세요.

바나나 강아지

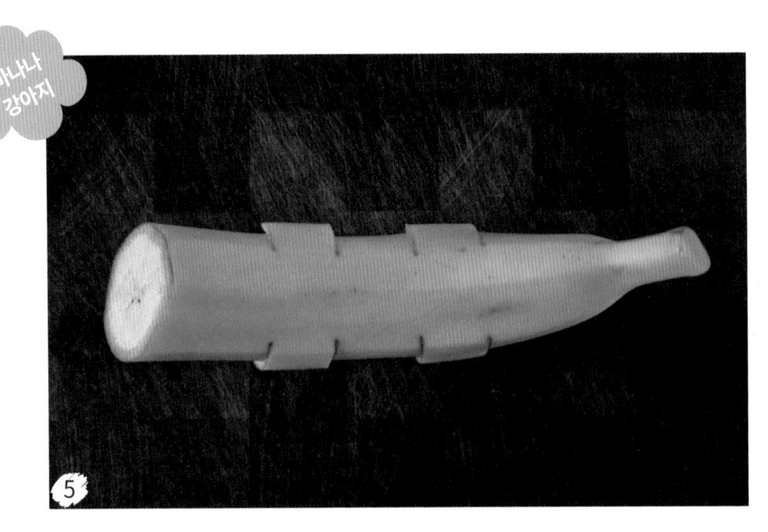

5

1/3 비율로 자른 바나나 중 긴 부분을 골라 사진과 같이 껍질 부분을 칼로 잘라 주세요.
한쪽에 2개씩 모두 4개를 만들어주면 된답니다.

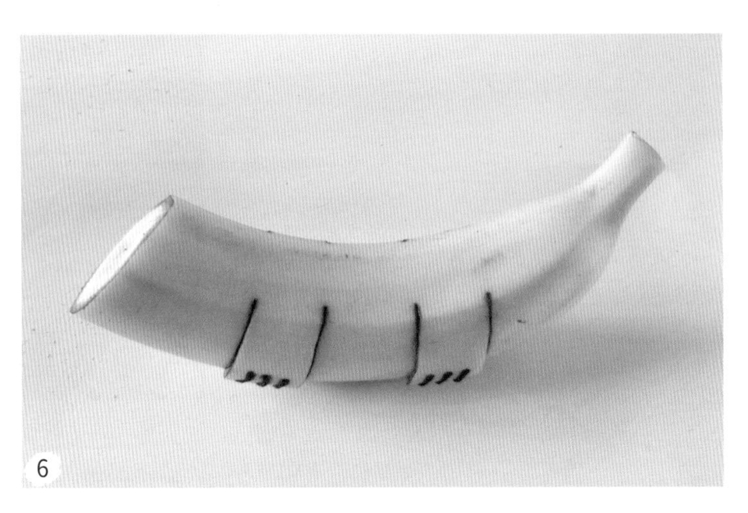

6

다크초코 펜으로 강아지 발 모양을 그려 생동감을 살려 주세요.

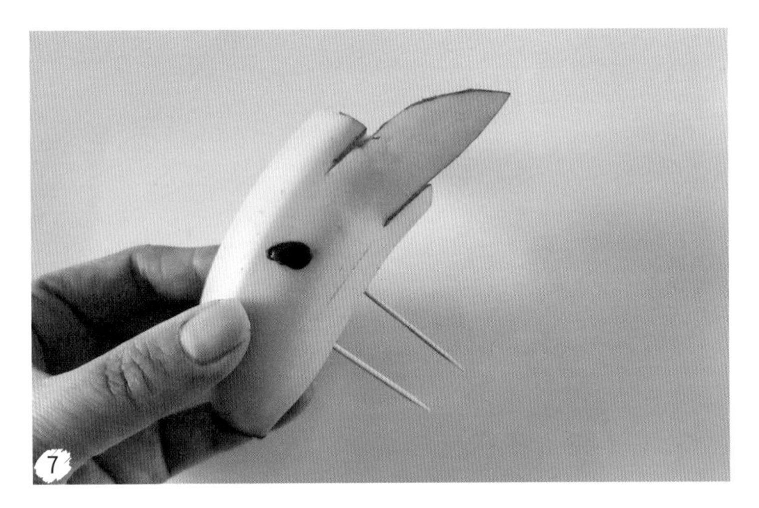

7

완성된 강아지 얼굴 아래쪽에 이쑤시개 2개를 꽂아 주세요.

8

강아지 얼굴을 강아지 몸통에 꽂아 고정시키면 다리 짧은 귀여운 바나나 강아지가
완성됩니다.

바나나 치타

갈색 반점이 생긴 바나나 2개를 준비하세요.

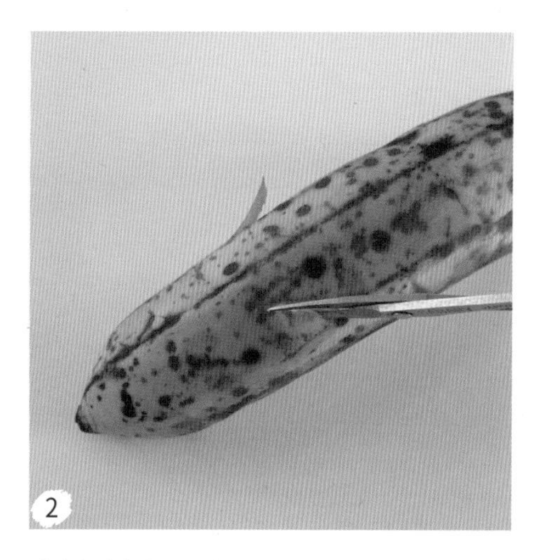

바나나 윗면 양쪽을 세모 모양으로 잘라 귀를 만들어 주세요. 이때 칼날이 예리한 미니 가위를 사용하면 모양을 깔끔하게 만들 수 있어요.

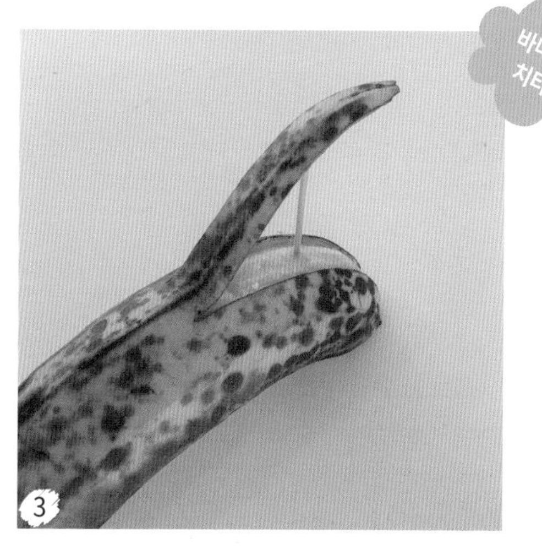

바나나 뒤쪽을 길쭉한 모양으로 잘라 치타 꼬리를 만든 다음, 이쑤시개를 이용해 꼬리를 세워 고정해 주세요.

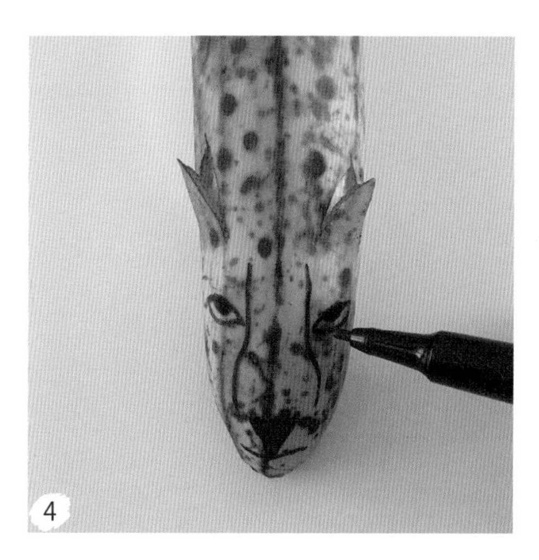

유성펜으로 치타 얼굴을 그려 주세요.
윙크하는 치타, 쿨쿨 자는 치타 등 다양한 표정을 그려주면 아이들의 호기심 유발에 더욱 좋아요.

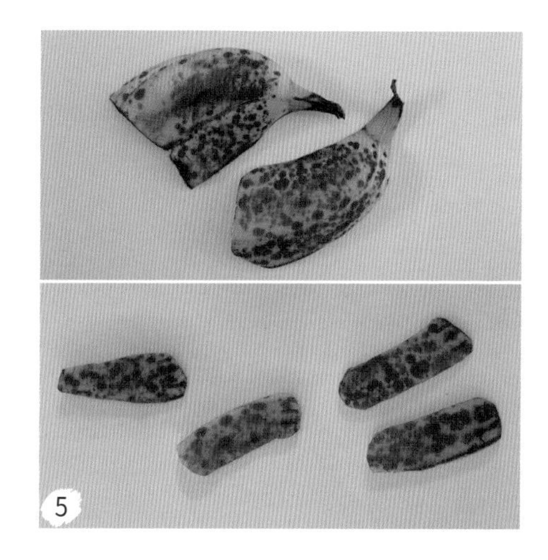

따로 준비한 바나나 껍질을 치타 다리 모양으로 자르고 그 위에 유성펜을 활용해 치타 발 모양을 그려 주세요.

껍질로 만든 치타 다리를 앞쪽에 2개, 뒤쪽에 2개 배치해 주면 세상에 하나뿐인 나만의 바나나 치타 완성.

+아이랑

수박 수영장

여름하면 떠오는 과일! 아삭아삭
시원하고 달콤한 수박! 빨갛게
차오르는 수박즙이 수영장이 되고
과자 부스러기는 모래사장이 되는
상상력 넘치는 세상. 미니어처로
수영장을 꾸며 주면 수박 수영장에서
신나게 물놀이하는 여름 물놀이
풍경이 완성됩니다.
수박 수영장과 함께 달콤한 상상력을
아이들에게 선물해 보세요.

아이와 이렇게 함께하세요!

여름에 물놀이했던 경험을 떠올리며 아이와 함께 역할 놀이를 해 보세요. 수박이라는 새로운 재료로 수영장 놀이, 파도타기, 과자 부스러기로 모래성 만들기, 조개껍데기 모으기 등 다양한 역할 놀이를 하면 아이의 오감에 기분 좋은 자극이 전해져 상상하는 힘을 키우는 데 도움이 됩니다.

재료

- 수박
- 참외
- 자몽
- 당근
- 오이
- 웨하스

도구

- 나무 꼬치
- 미니어처 소품

수박은 깨끗하게 씻어서 반으로 자르고, 아랫부분을 칼로 평평하게 잘라 흔들리지 않게 세워 주세요.

칼을 이용해 수박 가장자리를 따라 동그랗게 4cm 정도 깊이로 자른 다음, 숟가락으로 바닥이 평평하게 속을 파내 주세요.

수박 속을 크기가 다른 세모 모양으로 잘라 수박 속에 세우고, 반달 모양으로 얇게 자른 자몽을 수박 사이에 세워 주세요. 자몽이 없다면 귤, 오렌지를 활용해도 좋아요.

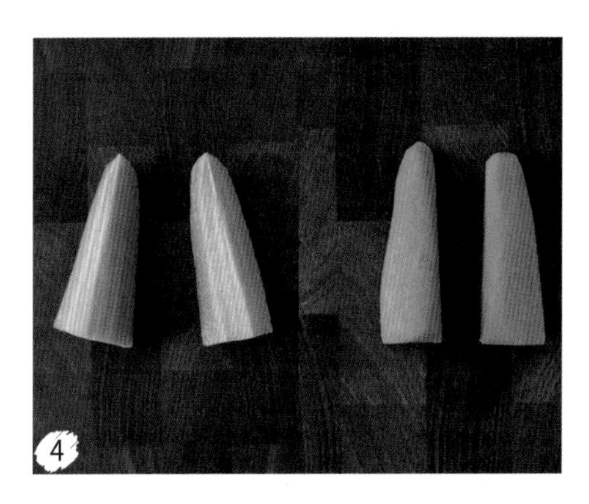

당근은 7cm 길이로 길쭉하게 2조각을 자른 다음, 칼로 표면을 부드럽게 깎아 주세요.

오이는 5cm 길이로 자른 다음, 세로로 한 번 더 잘라 씨 부분을 제거하고 화살표 모양이 되도록 잘라 주세요(총 8조각).

당근을 세로로 세워 가운데에 이쑤시개를 꽂은 다음 오이를 하나씩 위로 쌓듯이 꽂아 주세요.

참외 껍질을 깎아서 반으로 자른 다음 씨를 빼고 가위 또는 과도를 사용해 구름 모양으로 잘라 주세요. 그다음 나무 꼬치에 구름 모양 참외를 꽂아 주세요.

당근으로 만든 야자수 아래에 이쑤시개를 꽂아 수박에 고정시키고, 참외 구름도 수박에 꽂아 수영장을 꾸며 주세요.

9

수영하는 사람 모양의 미니어처 소품을 핀셋을 이용해서 수박 수영장 곳곳에 놓아 주세요.
미니어처가 없다면 작은 사이즈의 레고를 활용해도 좋아요.

10

웨하스를 절구통에 넣고 잘게 부셔 주세요.

11

잘게 부순 웨하스 가루를 수박 수영장 아래쪽에 깔아 모래사장으로 연출해 주세요.

12

다양한 미니어처 소품과 울타리 등으로 모래사장을 꾸며주면 수박 수영장이 완성됩니다.

풍선 든 친구

샤인 머스캣, 방울토마토,
치킨너깃을 접시 위에 담아
작은 상상력을 더했더니,
마치 놀이동산을 가득
채우고 있는 예쁜 풍선처럼
변신하네요. 알록달록
풍선을 입속에서 넣어, 풍선
하나하나가 가진 맛을 즐겨
볼까요?

아이와 이렇게 함께하세요!

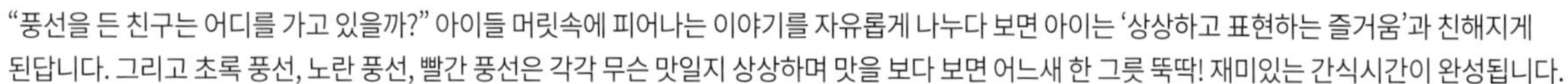

“풍선을 든 친구는 어디를 가고 있을까?” 아이들 머릿속에 피어나는 이야기를 자유롭게 나누다 보면 아이는 ‘상상하고 표현하는 즐거움’과 친해지게 된답니다. 그리고 초록 풍선, 노란 풍선, 빨간 풍선은 각각 무슨 맛일지 상상하며 맛을 보다 보면 어느새 한 그릇 뚝딱! 재미있는 간식시간이 완성됩니다.

재료

- 샤인 머스캣
- 방울토마토
- 치킨너깃
- 사과
- 다크초코 펜
- 화이트초코 펜

프라이팬에 식용유를 두르고 치킨너깃을 올려 노릇노릇하게 굽고, 샤인 머스캣과 방울토마토는 깨끗하게 씻어 주세요.

샤인 머스캣과 방울토마토는 반으로 잘라 주세요.

3

샤인 머스캣, 치킨너깃, 방울토마토 순서로 접시에 쌓아 담고 화이트초코 펜으로 꾸며 주세요.

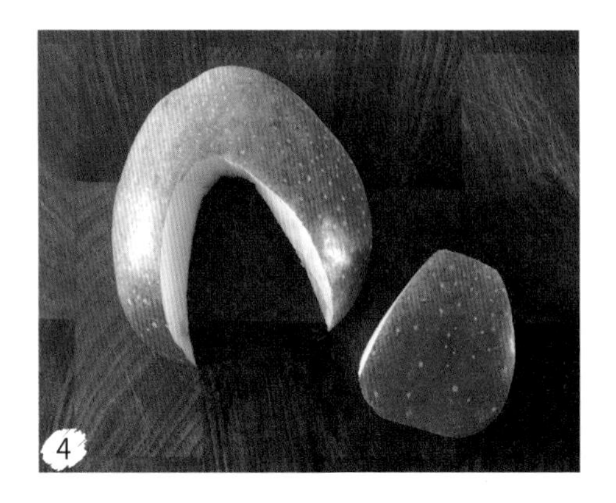

4

사과를 반으로 자른 다음, 가위 또는 과도를 사용해 친구의 옷이 될 부분을 만들어 주세요.

5

사과를 1cm 두께로 얇게 자른 다음, 가위 또는 과도를 사용해 친구의 머리 부분을 만들어 주세요.

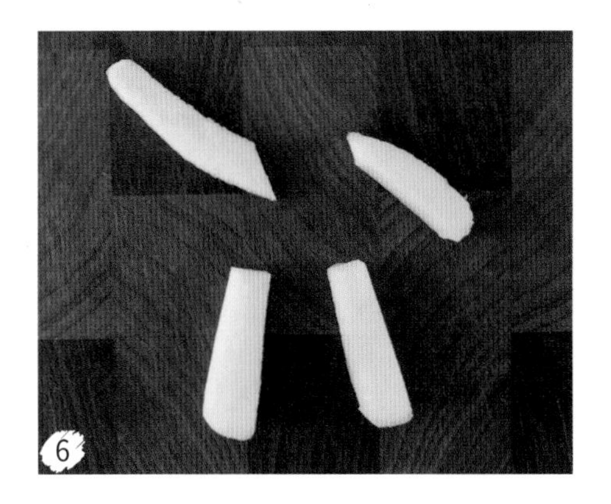

사과를 1cm 두께로 얇게 자른 다음, 가위 또는 과도를 사용해 친구의 손과 다리 부분을 만들어 주세요.

사과로 만들어 둔 친구의 옷, 머리, 손과 다리를 접시 위에 올리고, 다크초코 펜으로 머리 부분과 신발 부분을 칠해 꾸며 주세요.

다크초코 펜으로 풍선 끈을 그려 넣으면 보기만 해도 기분이 좋아지는 알록달록 예쁜 '풍선 든 친구'가 완성됩니다.

바나나 차도 놀이

바나나에 도로 모양을
그려 넣어 맛있고 달콤한
차도를 만들어보세요.
횡단보도를 그려 꾸미고,
미니 신호등까지 꽂아 주면
예쁜 동화 마을이 펼쳐져요
미니 자동차와 사람 모양의
미니어처로 부릉부릉
재미있는 차도 놀이도
해 보세요.

아이와 이렇게 함께하세요!

바나나를 여러 방향으로 배치하면서 다양한 차도 모양을 만들어 보세요.
바나나 차도 놀이를 하면서 아이들이 지켜야 할 기본적인 교통규칙에 대해서 이야기 나누면 재미있게 안전 수칙을 배울 수 있어요.

재료

- 바나나

도구

- 펜 끝이 네모난 검정 유성펜
- 신호등 출력물
- 나무 막대
- 미니 장난감 자동차
- 사람 모양 미니어처

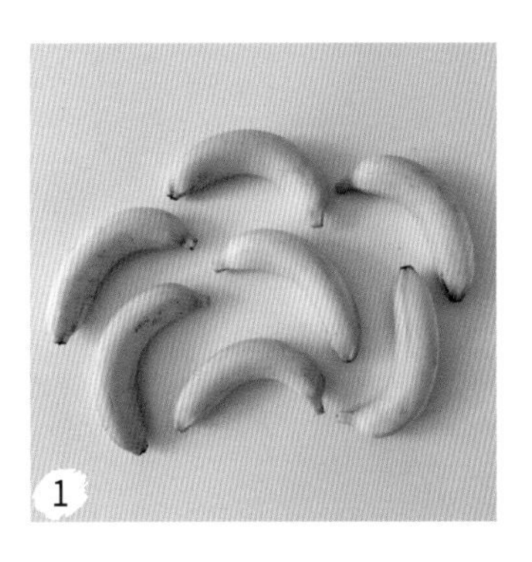

1 바나나 한 손을 준비해, 하나씩 분리하세요.

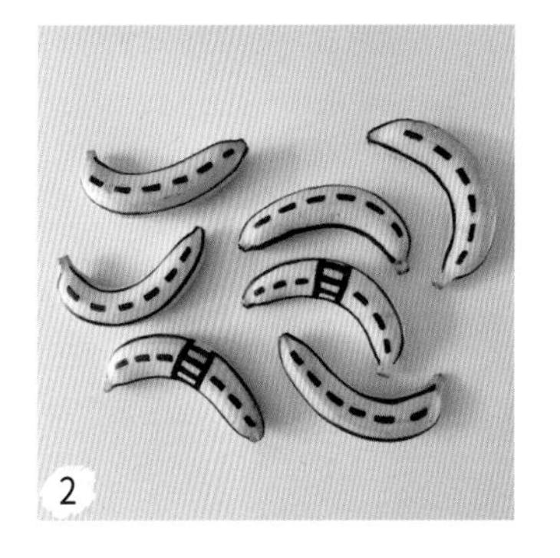

2 펜 끝이 사각 모양인 검정 유성펜으로 차선 모양 바나나 5개, 횡단보도 바나나 2개를 만들어 주세요.

3 바나나를 서로 연결되게 이어서 도로 모양을 만들어 주세요.

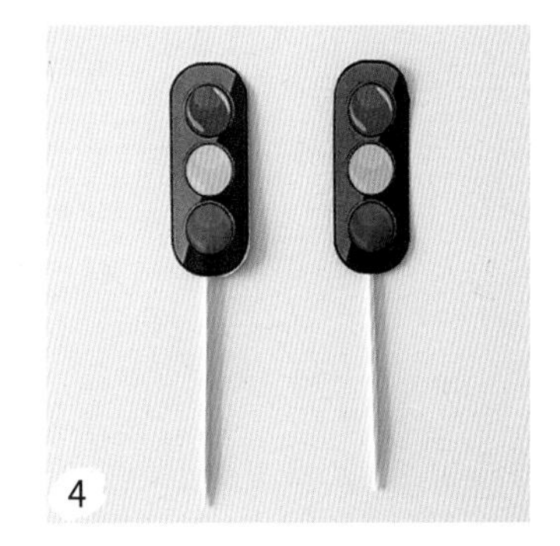

4 신호등 그림을 출력해서 가위로 자른 다음, 나무 막대에 붙여 신호등을 만들어 주세요.

5 횡단보도가 그려진 바나나에 신호등을 꽂아서 고정하고, 미니 자동차 장난감과 사람 모양의 미니어처를 올려 주세요.

6 엄마, 아빠, 친구들과 부릉부릉 신나는 바나나 차도 놀이를 즐겨 보세요.

귤 그림 창의 놀이

귤을 먹다가 반달 같은 알맹이
모양을 유심히 보니, 그 속에
여러 가지 모습이 담겨 있더라고요.
귤 알맹이를 보면 떠오르는 것들에
대해 아이들과 자유롭게 이야기
나눠보고, 그림과 귤로 머릿속에
떠올린 이미지들을 표현해 보세요.
똑같아 보이는 귤 알맹이도
상상하기에 따라 다른 모습으로
변신하는 과정을 경험하며 아이들은
'상상하는 즐거움'과 '자신감'을
키우게 된답니다.

아이와 이렇게 함께하세요!

아이가 상상한 귤의 모습을 이야기 나눈 다음, 그림은 엄마가 그리고 아이가 귤을 올리게 해주세요. 표현하는 것이 익숙하지 않거나, 그림으로 생각을 표현하는 것이 아직은 어려운 아이들도 엄마의 작은 도움으로 상상하고 표현하는 즐거움에 한 발 더 가까이 다가갈 수 있을 거예요.

재료

- 귤

도구

- 검정 유성펜
- 빨강 유성펜
- A4 용지

1 껍질 깐 귤 알맹이를 접시에 담아요.

2 A4 용지를 반으로 잘라 검정 유성펜으로 아이가 상상하며 떠올린 돛단배, 애벌레, 사람 얼굴, 발가락, 웃는 사람, 나비 날개 등을 그려요.

3 돛단배 자리 위에 귤을 올려 바다 위에 돛단배가 떠있는 모습을 완성해 보세요.

4 애벌레 몸통 자리에 귤을 올려 기어가는 애벌레 모습을 표현해 보세요.

5 사람 눈이 있는 자리에 귤을 올려 눈을 감고 있는 사람 얼굴을 만들어 보세요.

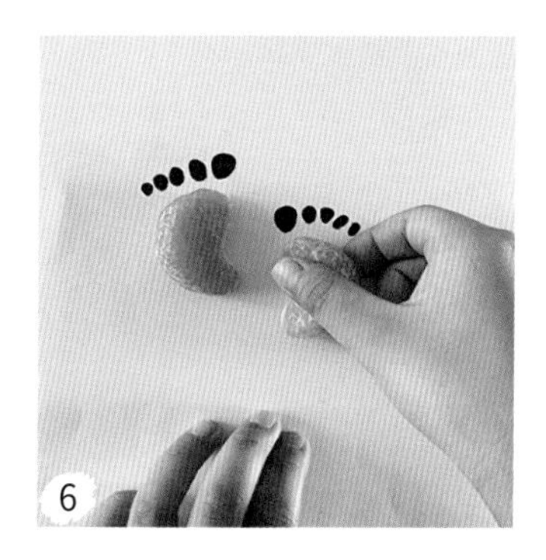

6 발바닥 자리에 귤을 올려 발자국 모양을 만들어 보세요. 그림 위에 귤을 올려 웃는 사람 얼굴, 나비 날개도 만들어 보세요.

브로콜리 동물의 숲

이번에는 칼슘과 비타민C가 풍부한 영양만점 채소 브로콜리와 친해지기 대작전이에요! 형태와 색감이 나무를 닮은 브로콜리를 다양한 크기로 잘라서 배치하면 작은 숲이 만들어진답니다. 여기에 동물 피규어들을 놓아 꾸미고 아이들과 역할 놀이를 즐겨 보세요. 맛없는 채소라고 생각했던 브로콜리의 변신을 보며 아이들은 낯설고 멀게 느끼던 식재료에 친근감을 가지게 되고, 거부감 없이 브로콜리의 맛을 즐길 수 있게 된답니다.

아이와 이렇게 함께하세요!

"자그마한 브로콜리가 동물들에게는 큰 나무가 되어주네." 아이들의 상상력을 이끌어 낼 수 있는 이야기를 들려 주세요.
"나무가 된 브로콜리는 과연 어떤 맛일까?"하고 질문을 주고받으며 브로콜리가 어떤 맛일지 상상하며 이야기를 나누는 시간도 가져 보세요.
아이가 브로콜리에 대한 긍정적인 생각을 가지게 되면 자연스레 맛도 궁금해지고 어느새 브로콜리의 맛과 친해지게 된답니다.

재료

- 브로콜리 3송이

도구

- 동물 피규어
- 울타리 장식
- 사다리 장식

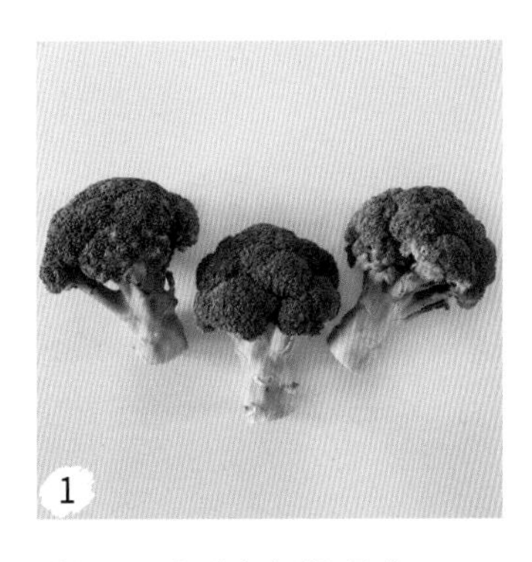

1

식초 1스푼을 넣어 잘 섞은 물에 브로콜리를 담가 5분 정도 두었다가 꺼내어 깨끗한 물에 흔들어가며 씻어요.

2

3송이의 브로콜리 중에 2송이는 자르지 않고 큰 나무가 되도록 배치하고, 1송이는 크고 작은 크기로 잘라 사진과 같이 배치해 숲을 꾸며 주세요.

3

집에 있는 동물 피규어들을 골라 주세요.

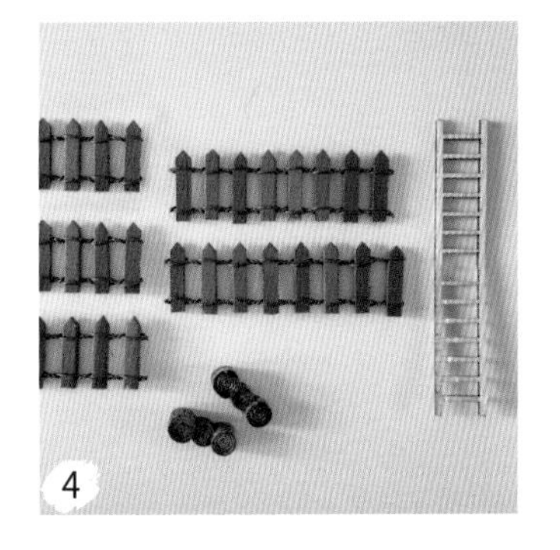

4

울타리와 사다리 소품도 준비해 주세요.

5

아이가 직접 브로콜리 숲에 동물 피규어들을 자유롭게 배치할 수 있도록 해 주세요.

6

브로콜리 숲 가장자리에 울타리를 세워주면 브로콜리 동물의 숲 완성!

+아이랑

석류나무와 드레스

저희 아이들은 새콤달콤함이 입 속에서 톡톡 터지는 석류를 정말 좋아해요. 즐겨 먹는 석류를 에듀푸드스럽게 먹을 수 있는 방법이 없을까 고민하다 준비한 '석류나무와 드레스'를 소개합니다. 석류를 접시 위에 놓는 작업은 아이에게 맡겨 보아도 좋아요. 그 과정에서 아이의 소근육과 집중력이 무럭 자라날 거예요.

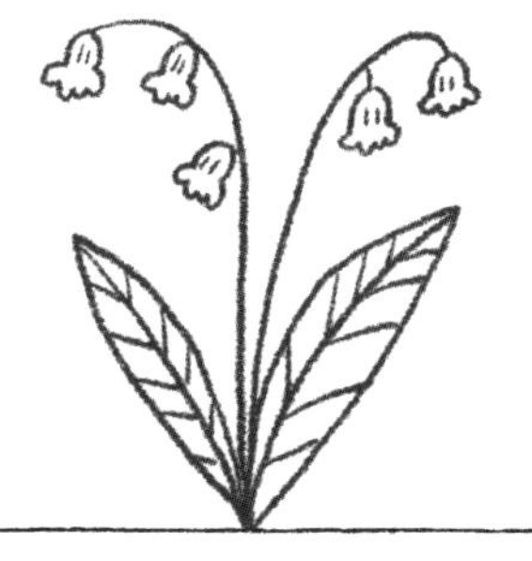

아이와 이렇게 함께하세요!

평범한 석류 알맹이도 어떤 그림을 만나느냐에 따라 단풍잎이 될 수 있고, 소녀의 예쁜 드레스가 될 수 있다고 이야기해 주며 아이들이 다양한 상상을 할 수 있도록 해 주세요. 그리고 아이에게 석류 알맹이로 어떤 그림을 완성시킬 수 있을지 생각할 시간을 주고 직접 만드는 시간을 가져 보세요.

재료

- 석류
- 다크초코 펜

석류를 손질해 알맹이만 그릇에 담아 주세요.

다크초코 펜은 뜨거운 물에 2분 정도 담가서 녹여 주세요.

다크초코 펜으로 흰 접시 위에 여자의 얼굴과 팔, 다리 부분을 그려 주세요. 중간에 석류 드레스를 입힐 자리는 초코 펜을 채우지 말고 빈 공간으로 남겨 주세요.

아이가 직접 석류 알맹이를 한 알 한 알 옮겨 드레스를 만들도록 방법을 알려 주세요.

석류 드레스를 입은 소녀의 모습을 보며 아이의 소감을 들어 보세요.

다크초코 펜을 사용해 접시 위에 나무 기둥과 가지, 나무에 기대어 쉬고 있는 친구 모습을 그려 주세요.

아이가 직접 석류 알맹이를 한 알 한 알 옮겨 단풍잎을 꾸미도록 방법을 알려 주세요.

단풍나무에 기대어 쉬고 있는 친구의 모습을 보며 아이의 소감을 들어 보세요.

과자 피아노

하얀 건반은 사르르 부드러운 웨하스, 검정 건반은 바삭 달콤 초코 과자를 활용해 멋진 피아노를 만들어 보세요. 흔하게 보고 먹던 과자에 색다른 아이디어를 더하면 전혀 새로운 오브제로 변신할 수 있다는 것이 아이들에게는 특별한 자극이 되어 줄 거예요. 웨하스&초코과자 피아노를 치면서 아이와 함께 재미있는 음악 간식 타임을 가져보세요.

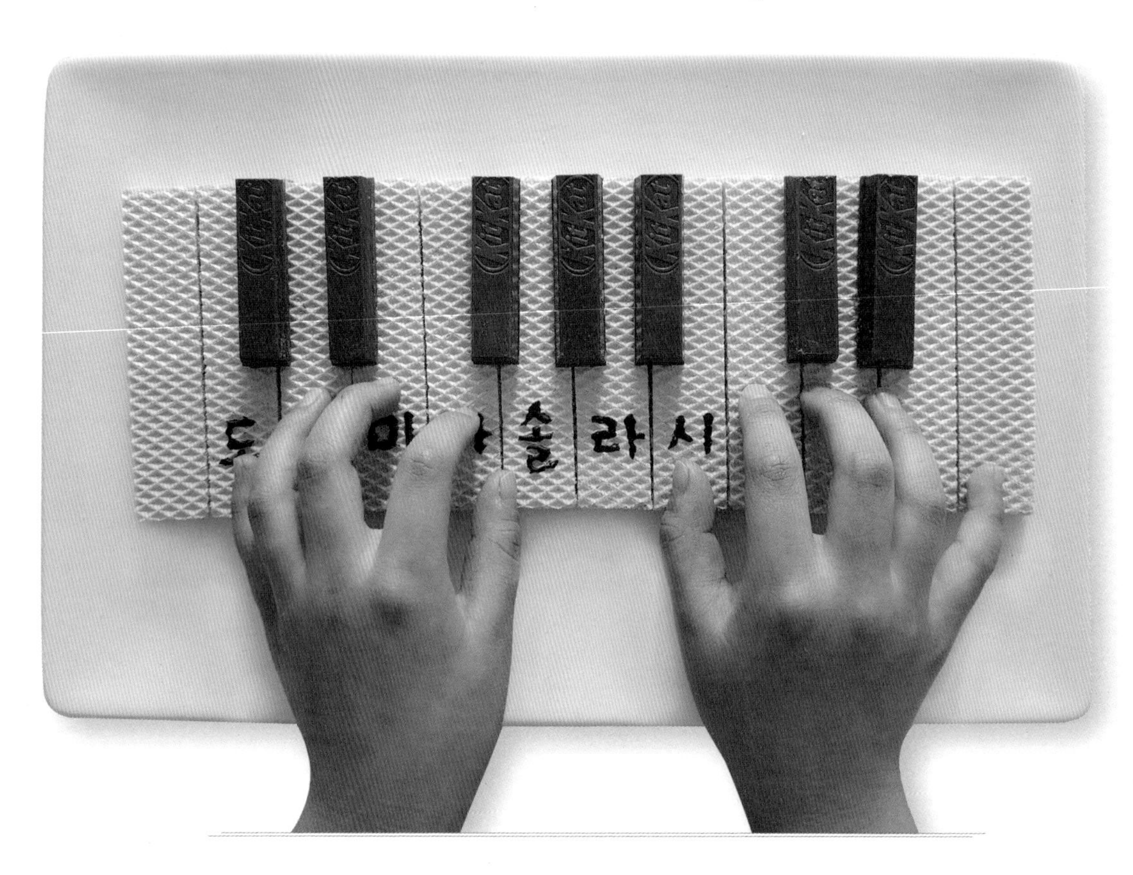

아이와 이렇게 함께하세요!

피아노 간식을 먹으면서 아이에게 계이름 자리를 알려 주세요. '도레미파솔라시도' 건반을 손가락으로 짚으며 계이름 자리를 익히고 달콤 간식도 즐기는 시간이 아이에게는 특별한 창의 놀이가 되어 준답니다.

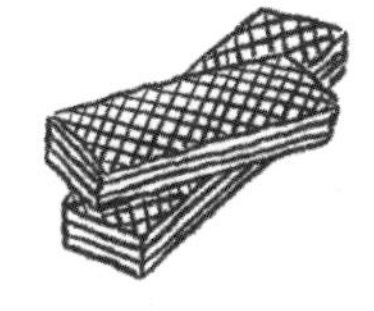

재료

- 웨하스
- 초코과자

도구

- 다크초코 펜

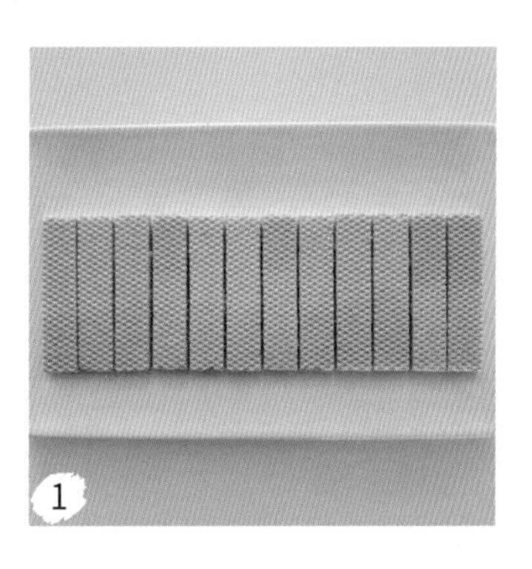

세로로 긴 형태의 웨하스 12개를 준비해
접시 위에 나란히 올려 주세요.

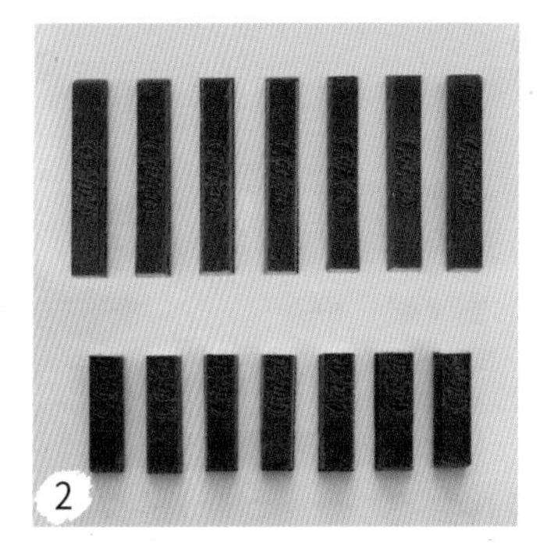

초코과자 7개는 반으로 잘라 주세요.

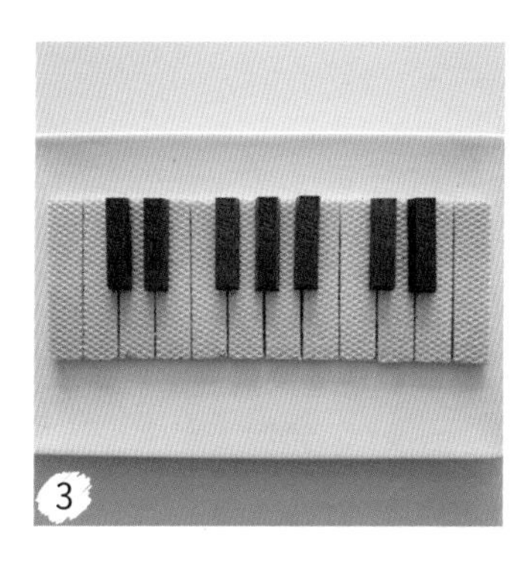

웨하스 위에 초코과자를 사진과 같이
올려 검은 건반 자리를 완성해 주세요.

다크초코 펜으로 계이름을 적어 주세요.

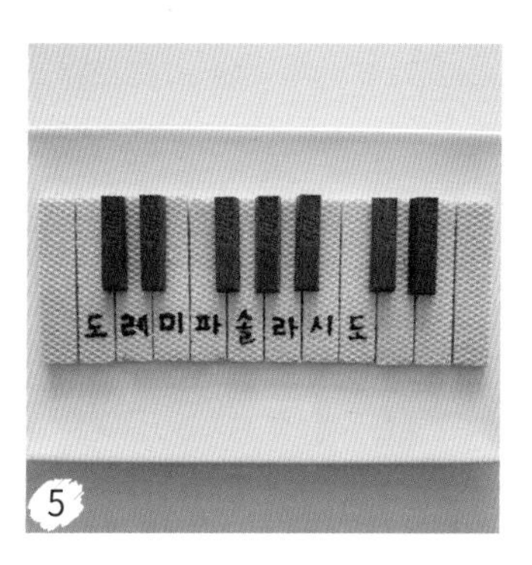

계이름 자리를 눈으로 보고 익히며
피아노 놀이도 즐기고 과자도 쏙 빼먹어
보세요.

도토리묵 기차

도토리묵 특유의 쓰고 떫은맛 때문인지 아이들은 도토리묵을 좋아하는 맛으로 기억해 주지 않는 것 같아요. 위와 장의 기능을 돕고, 섬유질이 풍부해 편한 배변 활동에도 도움을 주며, 체내 독소 등을 배출하는데 좋은 도토리묵을 아이들이 잘 먹어 준다면 얼마나 좋을까요? 도토리묵의 고소한 맛과 탱글한 식감을 아이들에게 알려주고 싶다면, 도토리묵 기차를 만들어 보세요. 도토리묵&채소 기차, 하얀 쌀밥 기차 연기, 양념장 구름으로 아이들의 호기심을 자극할 수 있을 거예요.

아이와 이렇게 함께하세요!

도토리묵 기차를 먹으면서 아이들의 상상력을 키울 수 있는 이야기를 나누어 보세요.
"칙칙폭폭 기차는 지금 어디를 달리고 있는 걸까?", "기차를 구름에 찍어 먹으면 어떤 맛이 날까?", "하얀 쌀밥은 마치 연기를 닮았네"와 같은 질문들을 주고받으며 아이들의 창의력이 한 뼘 더 자라나도록 해 주세요.

재료

- 도토리묵
- 슬라이스치즈
- 김
- 오이
- 밥
- 검은깨

도토리묵 양념장

- 간장 2큰술
- 올리고당 1/2큰술
- 다진 마늘 1/2큰술
- 참기름 1큰술
- 통깨 1/2큰술
- 당근 약간
- 영양부추 약간

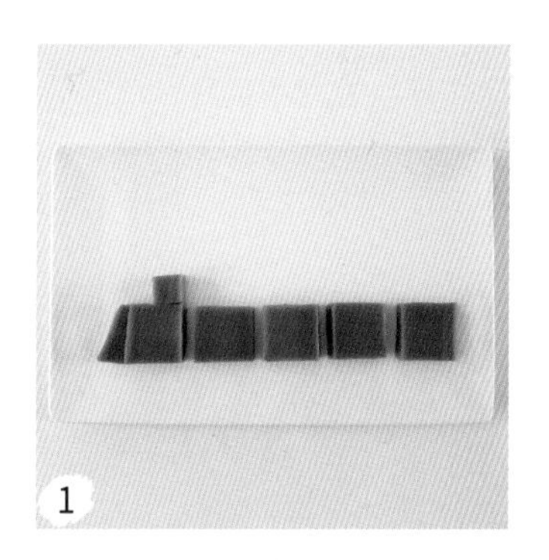

1

도토리묵을 사방 4cm, 두께 1.5cm의 모양으로 잘라 접시 위에 나란히 배치해 주세요.

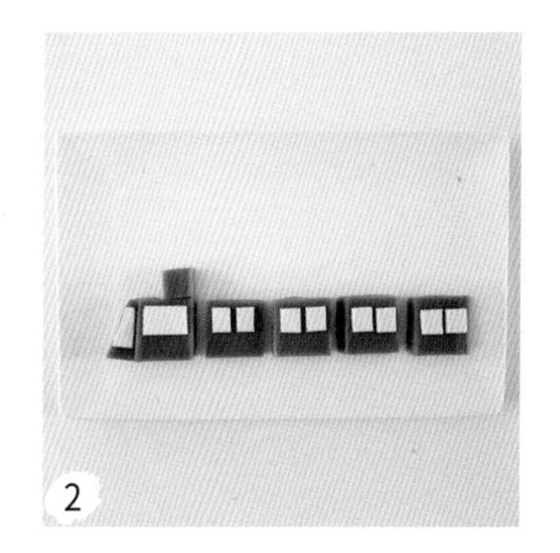

2

슬라이스치즈를 잘라 도토리묵 위에 올려 창문을 만들어 주세요.

3

김을 2mm 두께로 잘라 창문을 꾸며주고, 5mm 두께로 잘라서 기찻길을 만들어 주세요.

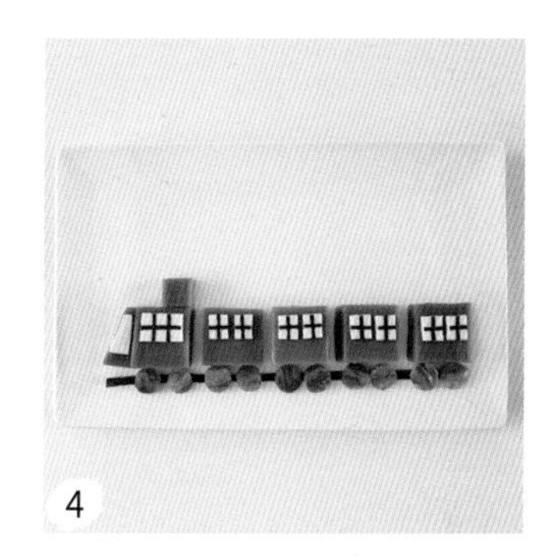

4

오이를 지름 1.5cm 크기의 원 모양으로 잘라 바퀴를 만들어 주세요

5

밥을 뭉쳐 기차 굴뚝 위에 올려 연기를 연출해 주세요. 그 위에 검은깨를 올리면 더욱 실감 나는 장면이 연출된답니다.

6

구름 모양으로 양념장을 올리면 도토리묵 기차 완성!

감태 선인장

철분과 칼슘이 풍부하고 눈 건강에도 좋은 기특한 식재료 '감태'지만 특유의 쓴맛 때문에 아이들이 반기는 맛은 아닐 수 있어요. 이럴 때는 호기심을 자극할 수 있는 감태 선인장을 만들어 보세요. 소불고기를 듬뿍 넣고 주먹밥을 만들어 감태를 골고루 덮어주면 마치 선인장 같아 아이들의 호기심을 자극하는 모습으로 변신한답니다.
여기에 치즈를 활용해 가시까지 연출해 소불고기 화분에 올려주면 재미있는 한 끼가 완성되지요.

아이와 이렇게 함께하세요!

아이와 함께 선인장의 특징에 대해서 이야기 나누면서 먹어 보세요. 아이가 직접 치즈로 선인장 가시를 만들어 붙이도록 하고 작업 중에 선인장의 가장 큰 특징인 가시에 대해서 설명해 주면 오래도록 잊지 않고 선인장의 특징에 대해서 기억하게 될 거예요.

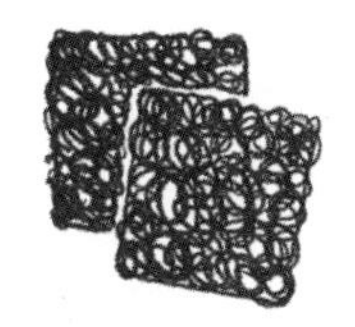

재료

- 감태
- 밥
- 슬라이스치즈
- 김치
- 소불고기

소불고기 양념

- 불고기용 소고기 200g
- 간장 3큰술
- 올리고당 2큰술
- 다진 마늘 1큰술
- 참기름 1큰술
- 통깨 1/2큰술
- 후춧가루 약간

1 불고기용 소고기에 나머지 양념 재료를 넣고 버무린 다음 프라이팬에 볶아 주세요.

2 밥을 뭉쳐서 가운데를 움푹하게 만든 다음, 소불고기를 넣어서 동그랗게 주먹밥을 만들어 주세요.

3 큰 주먹밥 2개, 작은 주먹밥 4개를 만들어 사진처럼 선인장의 형태를 만들어 접시를 채워 주세요.

4 주먹밥 겉면에 감태를 덮어 바르고, 주먹밥 아래에 소불고기를 올려 화분 모양으로 만들어 주세요.

5 묵은지는 씻어서 사진 속 모양과 같이 뾰족뾰족한 모양으로 잘라 접시 위에 올려 사막의 느낌을 더해 주세요.

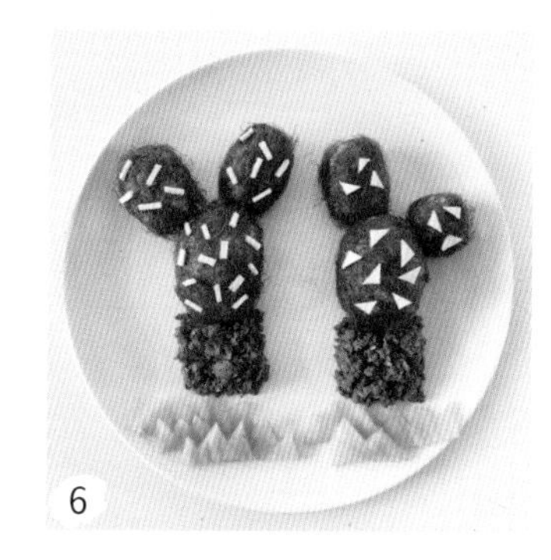

6 슬라이스치즈는 가시 모양으로 잘라 주먹밥 위에 올려 선인장을 완성해 주세요.

가래떡 촛불 간식

쫄깃한 가래떡과 달콤한 꿀은
최고의 간식 콤비죠!
노릇하게 익은 가래떡을 보다
문득 초가 떠올라 준비하게 된
에듀푸드 메뉴를 소개합니다.
스파게티 심지에
딸기 촛불을 꽂아주면
너무 예뻐서 먹기 아까운
간식이 완성된답니다.

아이와 이렇게 함께하세요!

가래떡을 길고 짧게 다양한 크기로 잘라주면 접시에 담았을 때 더 자연스럽고 예쁜 모습이 완성됩니다.
크리스마스나 연말 파티 때 아이들은 물론 어른들에게도 인기 만점의 디저트가 되어주니 11~12월에 잊지 말고 꼭 만들어 보세요.

재료

- 가래떡
- 딸기
- 감태
- 구운 스파게티 면
- 다크초코 펜
- 화이트초코 펜

가래떡을 노릇노릇하게 구워 촛농이 녹은 초의 느낌을 살려 주세요.

스파게티 면을 에어프라이어(180°C / 15분)에 구워 가래떡 가운데에 심지처럼 꽂아 주세요.

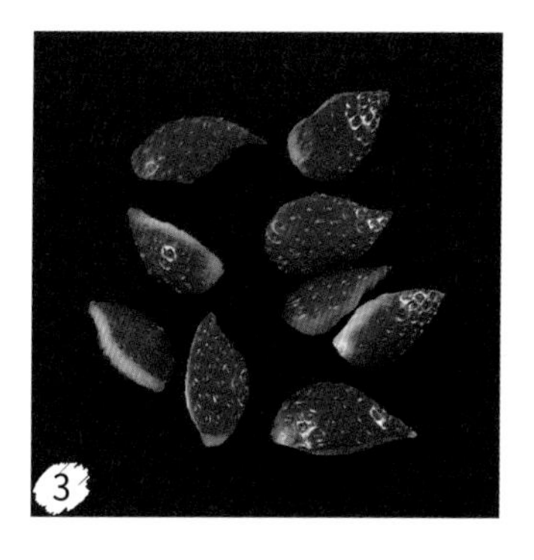

딸기를 사진과 같이 불 모양으로 잘라 주세요.

불 모양으로 자른 딸기를 스파게티 면 심지에 꽂아 주세요. 이때 아이가 직접 해 볼 수 있도록 도와주면 재미있는 촛불 만들기 쿠킹 시간이 됩니다.

완성된 촛불 간식을 접시에 담고, 감태를 접시 위에 깔아 색감을 더해 주세요. 초록 빛깔 감태를 가래떡에 싸서 함께 먹으면 색다른 맛의 즐거움을 느끼게 해 준답니다.

가래떡 초를 유리그릇에 담으면 분위기 있는 초로 변신! 아이와 함께 다양한 방법으로 에듀푸드를 즐겨 보세요.

김밥 케이크

평범한 김밥이 특별한 케이크가 되는
에듀푸드 레시피를 소개합니다.
케이크 트레이 또는 넓은 접시 위에 김밥을
트리 모양으로 쌓아서 올려주기만 하면
우리 집만의 특별한 케이크 완성!
동그랗게 잘려 포일이나 종이 박스 안에
담겨 있던 김밥이 케이크 모양으로
변신한 것을 보며 아이들은 '익숙한 것을
새롭게 변신시키는 아이디어'에 대해
더 많은 관심을 가지게 될 거예요.
생일날, 친구들과의 파자마 파티가
있는 날 활용하면 좋을 아이디어입니다.

아이와 이렇게 함께하세요!

접시 위에 케첩으로 메시지를 적어 더욱 특별한 에듀푸드를 완성해 보세요. 'Happy birthday!', 'Merry Christmas!'와 같이 특별한 날을 기념하는 소중한 메시지가 오래 기억에 남을 멋진 순간을 선물해 줄 거예요.

재료

- 밥
- 김밥 김
- 시금치나물
- 구운 햄, 단무지
- 달걀지단
- 볶은 당근
- 소금, 통깨
- 참기름
- 케첩
- 망고

도구

- 짤주머니
- 케이크 트레이 또는 큰 접시
- 별 모양 쿠키틀
- 이쑤시개
- 조화 나뭇잎 4~5장

밥에 소금, 통깨, 참기름 넣고 골고루 버무린 다음 김 위에 올려 고루 펴 주세요. 그 위에 준비해둔 김밥 재료를 올려 김밥을 말아 주세요.

말아 놓은 김밥을 모두 잘라 주세요. 이때 칼에 기름을 살짝 바르면 김밥 속 재료와 밥이 뭉그러지지 않고 예쁜 모양으로 자를 수 있답니다.

케이크 트레이 또는 큰 접시를 준비하고, 김밥을 5단으로 쌓아 올려 주세요. 더 큰 사이즈의 케이크를 만들고 싶으면 쌓는 단수를 늘려주면 된답니다.

조화 나뭇잎으로 김밥 케이크를 꾸미고, 망고를 별 모양 틀에 찍어서 모양을 낸 다음 이쑤시개에 꽂아 김밥 맨 윗부분에 꽂아 주세요.

짤주머니에 케첩을 넣어 'Happy birthday'를 예쁘게 적어 주세요.

특별한 김밥 케이크를 보며 '케이크로 새롭게 탄생 시킬 수 있는 다른 음식 재료와 메뉴가 무엇이 있는지' 이야기를 나누어 보는 것도 좋아요.

먹는 사고력
1
2
3

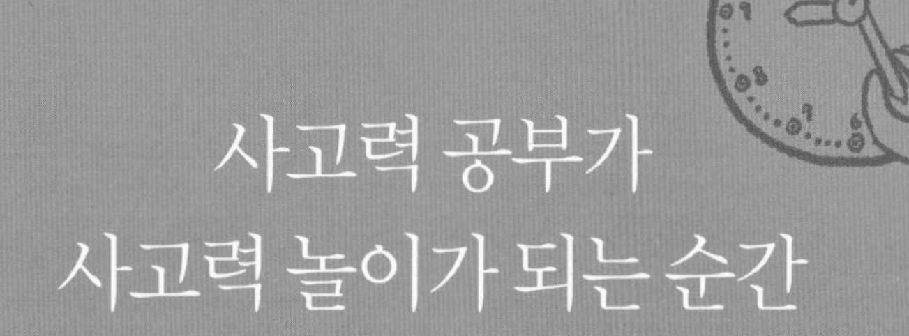

사고력 공부가
사고력 놀이가 되는 순간

'사고력 학습'이 중요하다는 건 알지만
교재로 만나는 사고력은 어렵고 딱딱한 느낌이라
아이들이 흥미를 가지고 다가가기 어려운 분야예요. 이번 테마에서는
'사고력 공부'가 '사고력 놀이'로 변신하는 순간들을 모아 소개할게요.
아이들이 좋아하는 식재료를 활용한
특이하고, 재미있는 '먹는 사고력' 레시피들은 아이들은 물론,
부모님에게도 가장 반가운 이야기가 되어줄 거예요.

식빵 칠교놀이

정사각형의 반듯한 식빵을 보고
칠교놀이가 떠오른 날이 있었어요.
칠교는 정사각형을 일곱 조각으로 나눈
도형을 움직여서 여러 가지 모양을
만드는 놀이인데, 아이들의 집중력과
주의력 향상에 도움을 준답니다.
칠교놀이를 위한 교구가 많이 있지만,
아이가 좋아하는 식빵을 활용하면 더욱
재미있고 특별한 엄마표 칠교놀이
교구가 완성됩니다. 도형 감각도 키우고
사고력도 향상시킬 수 있는
식빵 칠교놀이로 간식도 든든하게!
두뇌도 쑥쑥 크도록! 아이의
성장을 응원해 주세요.

아이와 이렇게 함께하세요!

일곱 조각으로 자른 식빵을 움직여 다양한 형태로 만들어 보세요.
여우, 집, 물고기, 자동차, 나무를 만들어도 좋고, 아이가 생각한 자유로운 모양 만들기에 도전해도 좋아요.

재료

- 곡물식빵
- 딸기잼 또는 아이가 좋아하는 잼

도구

- 가위 또는 과도

토스트기에 식빵을 노릇하게 구운 다음 가장자리는 잘라 정사각형 모양으로 준비해 주세요.

직각삼각형 모양으로 대칭이 되도록 2등분 한 다음, 사진과 같이 나머지 조각을 잘라서 일곱 조각을 만들어 주세요.

큰 직각삼각형 2개(①, ②), 작은 직각삼각형 2개(⑤, ③), 정사각형 1개(④), 평행사변형 1개(⑥), 중간 직각삼각형 1개(⑦) 모두 7개의 식빵 조각을 섞어 주세요.

큰 직각삼각형 2개로 쫑긋한 여우 귀, 중간 직각삼각형 1개로 여우 얼굴을 만들어 보세요. 평행사변형과 작은 직각삼각형은 여우 몸, 작은 직각삼각형은 꼬리, 정사각형은 다리로 꾸며 여우를 완성해 보세요.

큰 직각삼각형 1개, 중간 직각삼각형 1개, 작은 직각삼각형 2개를 합쳐서 직사각형을 만들어 주세요. 큰 직각삼각형과 평행사변형으로 지붕을 만들고 정사각형으로 굴뚝을 만들어 집을 만들어 보세요.

큰 직각삼각형 2개로 물고기 얼굴을 만든 다음, 정사각형 1개, 작은 직각삼각형 2개로 몸통, 중간 직각삼각형 1개와 평행사변형 1개로 꼬리를 만들어 물고기를 완성해 보세요.

큰 직각삼각형 2개, 중간 직각삼각형 1개, 평행사변형 1개로 자동차 모양을 만들고, 작은 직각삼각형 2개를 합쳐서 바퀴 모양을, 정사각형을 회전시켜 또 다른 바퀴를 만들어 자동차를 완성해 보세요.

8

중간 직각삼각형 1개, 큰 직각삼각형 1개를 쌓아 나무 윗부분을 만들고, 큰 직각삼각형 1개, 작은 직각삼각형 2개, 평행사변형 1개로 나무 아랫부분을 만든 다음 정사각형으로 기둥을 만들어 예쁜 나무를 완성해 보세요.

9

칠교놀이가 끝나면 식빵 조각에 딸기잼 또는 아이가 좋아하는 잼을 발라서 맛있는 간식 시간을 즐겨 보세요.

+아이랑

식빵 성냥개비 놀이

아이들과 함께 즐기기 좋은 에듀푸드표 두뇌게임을 소개합니다. 식빵과 초콜릿으로 대형 성냥개비를 만들어서 즐기는 퍼즐 놀이인 '식빵 성냥개비 놀이'는 흥미로운 재료의 변화 덕분에 아이들이 스스로 게임에 집중하고 지루함 없이 게임을 즐기게 되는 '먹는 사고력' 콘텐츠랍니다. 다양한 성냥개비 퍼즐 놀이를 즐기며 두뇌도 자극하고, 맛있는 간식 시간도 즐겨보세요.

아이와 이렇게 함께하세요!

다양한 퍼즐 문제를 만들어 아이에게 제시하고, 아이 스스로 문제를 풀 수 있도록 충분히 시간을 주는 것이 중요해요. "알겠어? 이해했어? 어려워?"와 같은 질문들은 아이의 마음을 조급하게 만들고 문제를 끝까지 풀 수 있는 집중력을 약하게 만들기 때문에 이번 놀이에서는 '엄마, 아빠의 인내심'이 가장 중요한 포인트랍니다.

재료

- 곡물식빵 3장
- 다크초콜릿

곡물식빵 3장을 준비해 테두리를 잘라내고, 나무 밀대로 밀어 식빵을 납작하게 만들어 주세요.

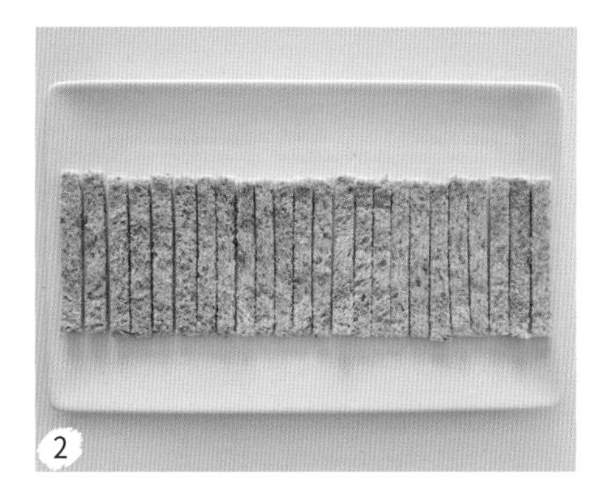

토스트기에 살짝 구운 곡물 식빵을 가로 1cm 크기로 잘라 8조각이 나오도록 만들어주고, 총 24조각을 준비해 주세요.

다크초콜릿은 중탕하여 녹여 주세요.

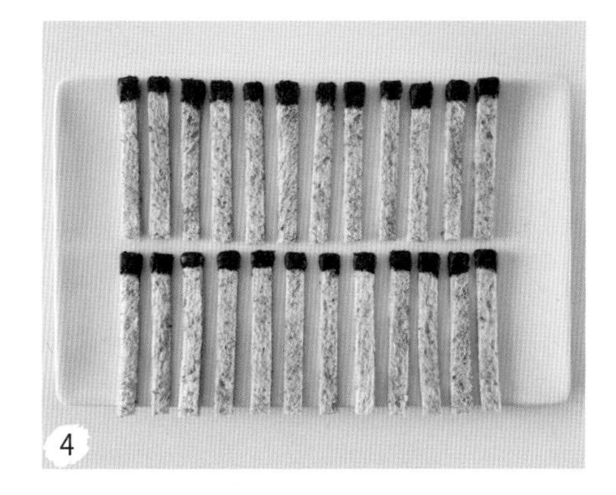

조각낸 곡물 식빵 끝에 1cm 정도의 폭으로 초콜릿을 묻혀서 성냥개비 모습으로 만들어 주면 식빵 성냥개비 완성! 이제, 아이와 함께 식빵 성냥개비로 재미있는 퍼즐 놀이를 시작해 볼까요?

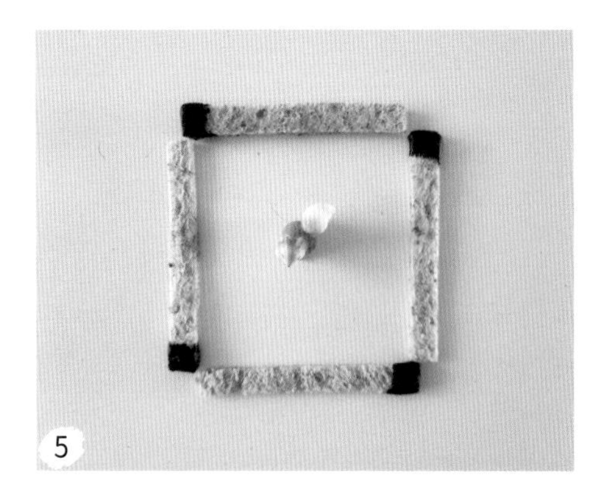

Q. 성냥개비 2개를 움직여 계단을 만들어서 갇혀 있는 다람쥐를 구해 주세요.

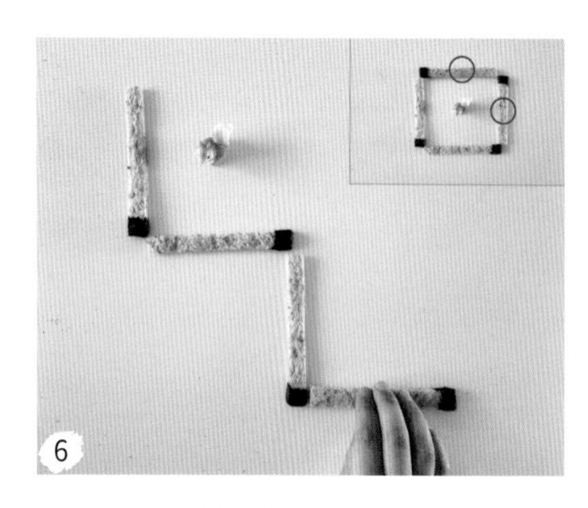

정답은 사진을 확인하세요.

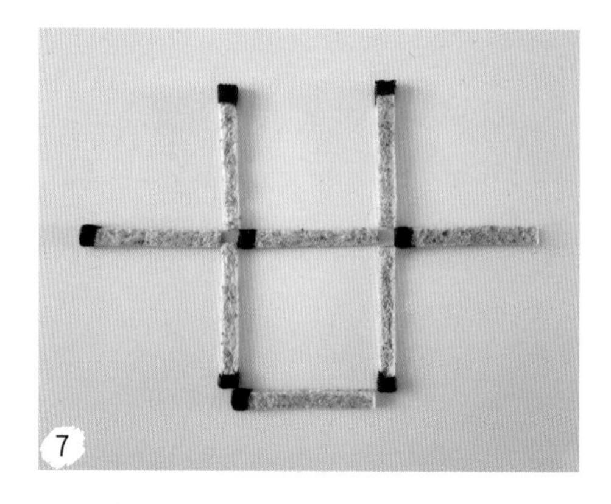

Q. 2개의 성냥개비를 움직여서 2개의 정사각형을 만들어 보세요.

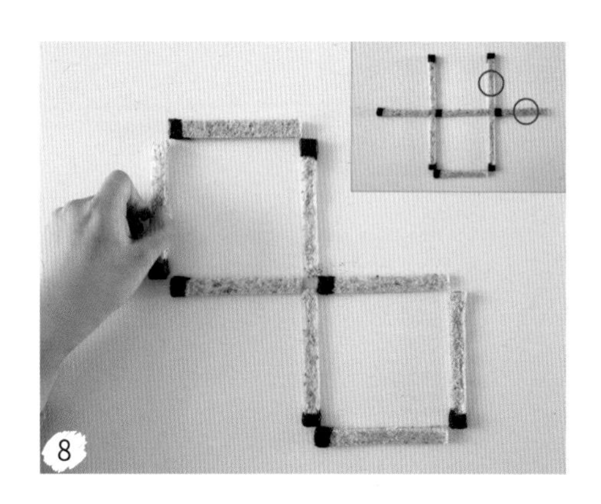

정답은 사진을 확인하세요.

Q. 성냥개비 1개를 움직여서 2개의 집을 만들어 보세요.

정답은 사진을 확인하세요.

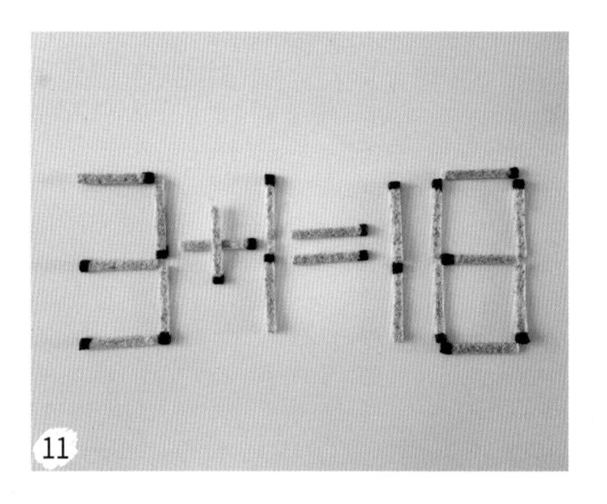

Q. 성냥개비 1개를 움직여서 연산식을 바르게
고쳐 보세요.

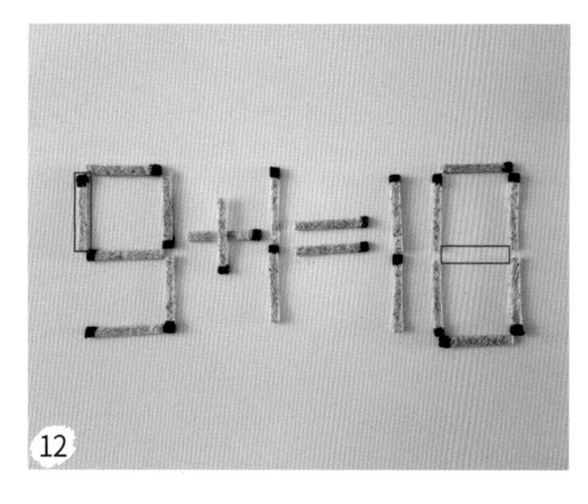

정답은 사진을 확인하세요.

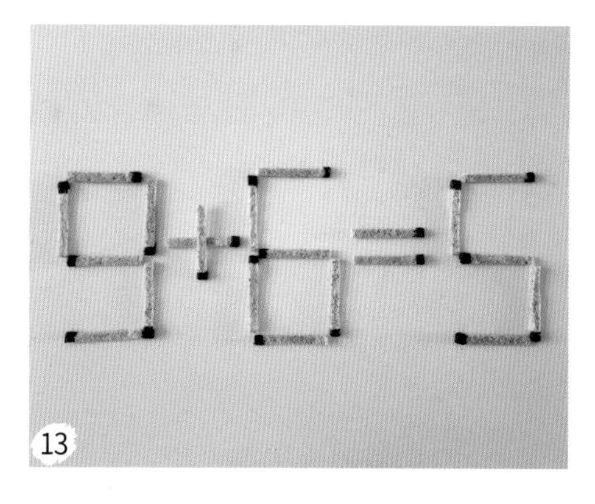

Q. 성냥개비 1개를 움직여서 연산식을 바르게
고쳐 보세요.

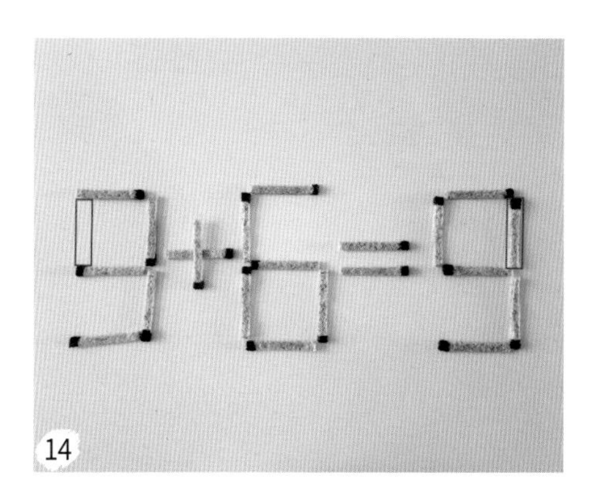

정답은 사진을 확인하세요.

Q. 3개의 성냥개비를 제거해서 3개의 정삼각형을
만들어 보세요.

정답은 사진을 확인하세요.

+아이랑

시리얼 색깔 패턴 목걸이

알록달록 달콤 시리얼에 색깔 규칙을 더해, 세상에 하나뿐인 나만의 목걸이를 만들어 보세요. 아이의 소근육 발달은 물론 집중력 향상에도 도움이 되고 색깔 규칙에 대해서도 배울 수 있어서 '달콤한 사고력 놀이'가 되어준답니다.

아이와 이렇게 함께하세요!

시리얼 색깔 패턴 순서를 아이에게 보여 주고, 시리얼을 와이어에 순서대로 끼우면서 색깔 규칙에 대해 이해할 수 있도록 도와주세요.
쉬운 색깔 규칙부터 난이도가 있는 색깔 규칙까지 다양하게 시도하면 좋아요. 실보다는 잘 구부러지는 와이어가 시리얼 끼우는 작업에 더 편리해요.

재료

- 다섯 가지 색깔 시리얼

도구

- 와이어

시리얼과 잘 구부러지는 와이어를 준비해 주세요.

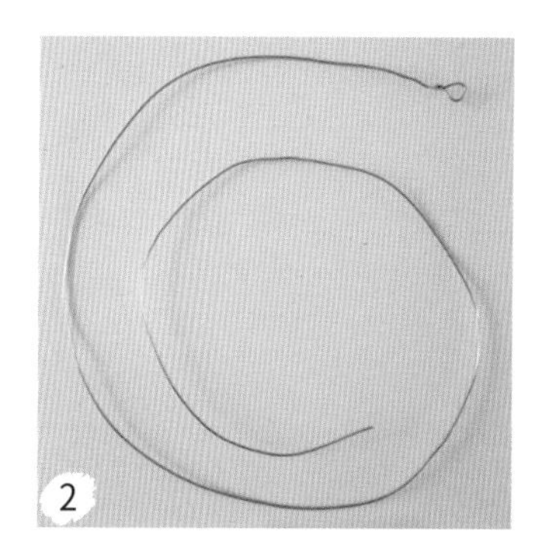

와이어의 한쪽 끝부분을 동그랗게 감아서 매듭을 만들어 주세요.

시리얼(빨강, 노랑, 초록, 주황, 검정)로 색깔 패턴을 만들어 보여 주고, 패턴에 맞게 아이가 직접 시리얼을 끼워 넣도록 도와주세요.

와이어 길이만큼 시리얼을 다 끼우고 나면 사진과 같이 와이어를 연결해 묶어 주세요.

쉬운 패턴의 목걸이를 완성했다면, 초록, 초록, 노랑, 빨강, 빨강, 주황 순서로 난이도를 높여 색깔 패턴대로 목걸이를 만들어 보도록 알려 주세요.

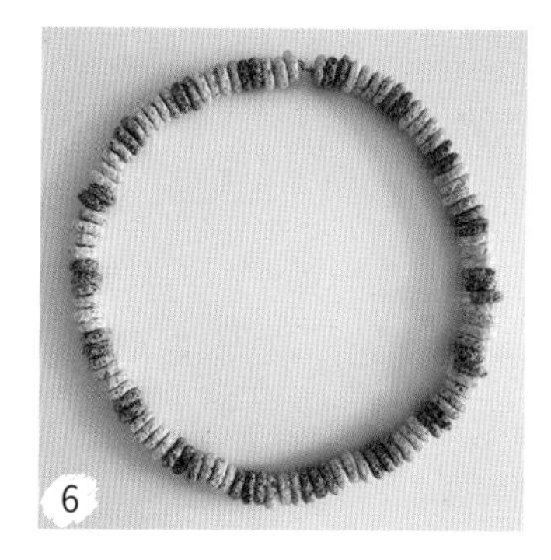

완성된 목걸이를 걸고 다니며, 달콤한 간식 시간을 즐겨 보세요!

과자 6점 도미노

에듀푸드의 매력은 과자와 초코 펜만 있으면 재미있는 사고력 놀이를 뚝딱 만들어 낼 수 있다는 거예요. 이번에는 직사각형 모양의 과자에 초코 펜으로 주사위 점을 찍어서 6점 도미노를 만들어 볼게요. 6점 도미노는 점 주사위를 굴려서 나온 면 2개가 합쳐진 모양인데, 다양한 수 연산 놀이를 할 수 있어서 교구로도 많이 활용되고 있답니다. 아이들 스스로 생각을 많이 해야 하는 난이도 높은 사고력 놀이지만 과자라는 사실에 재미있게 도전하게 될 거예요.

아이와 이렇게 함께하세요!

과자 6점 도미노로 다양한 사고력 놀이를 즐겨 보세요. 6점 도미노 두 면이 만나는 합이 '6'이 되게 놓아 보는 놀이, 6점 도미노 3개에 숨어 있는 수 연산 규칙을 찾는 놀이 등 다양한 놀이를 통해 재미있게 아이의 사고력을 키워 보세요.

재료

- 직사각형 모양의 과자 (빠다코코낫)
- 다크초코 펜

1

직사각형 모양의 과자 21개를 준비해 주세요. 저는 빠다코코낫을 주로 사용한답니다.

2

다크초코 펜으로 직사각형 과자의 가운데에 세로 선을 그려서 반으로 나누고, 왼쪽과 오른쪽 면에 작은 동그라미를 찍어서 6점 도미노를 만들어 주세요.

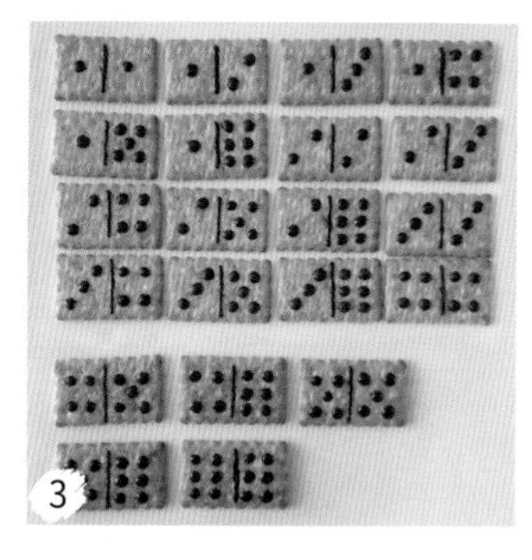

3

6점 도미노 21개가 완성된 모습을 참고하면 만들기가 훨씬 쉬워요.
(1,1)(1,2)(1,3)(1,4)(1,5)(1,6)(2,2)(2,3)(2,4)(2,5)(2,6)(3,3)(3,4)(3,5)(3,6)(4,4)(4,5)(4,6)(5,5)(5,6)(6,6)

4

완성된 도미노를 식탁 위에 펼쳐놓고, 옆으로 붙은 도미노의 두 면의 합이 '6'이 되게 꼬리에 꼬리를 물며 붙여가도록 아이에게 규칙을 설명해 주세요.

5

6점 도미노 3개에 숨어 있는 수 연산 규칙을 찾는 놀이를 해보세요.

＊**정답:** 6점 도미노 점의 차가 모두 1이다.

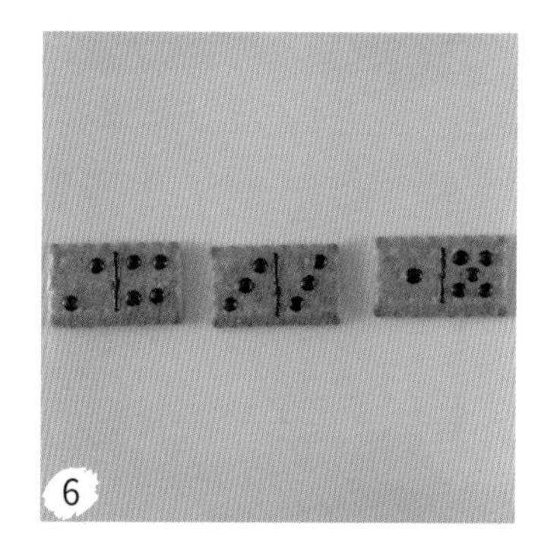

6

6점 도미노 3개에 숨어 있는 수 연산 규칙을 찾는 놀이를 해보세요.

＊**정답:** 6점 도미노 점의 합이 모두 6이다.

+아이랑

과일 카나페 스도쿠

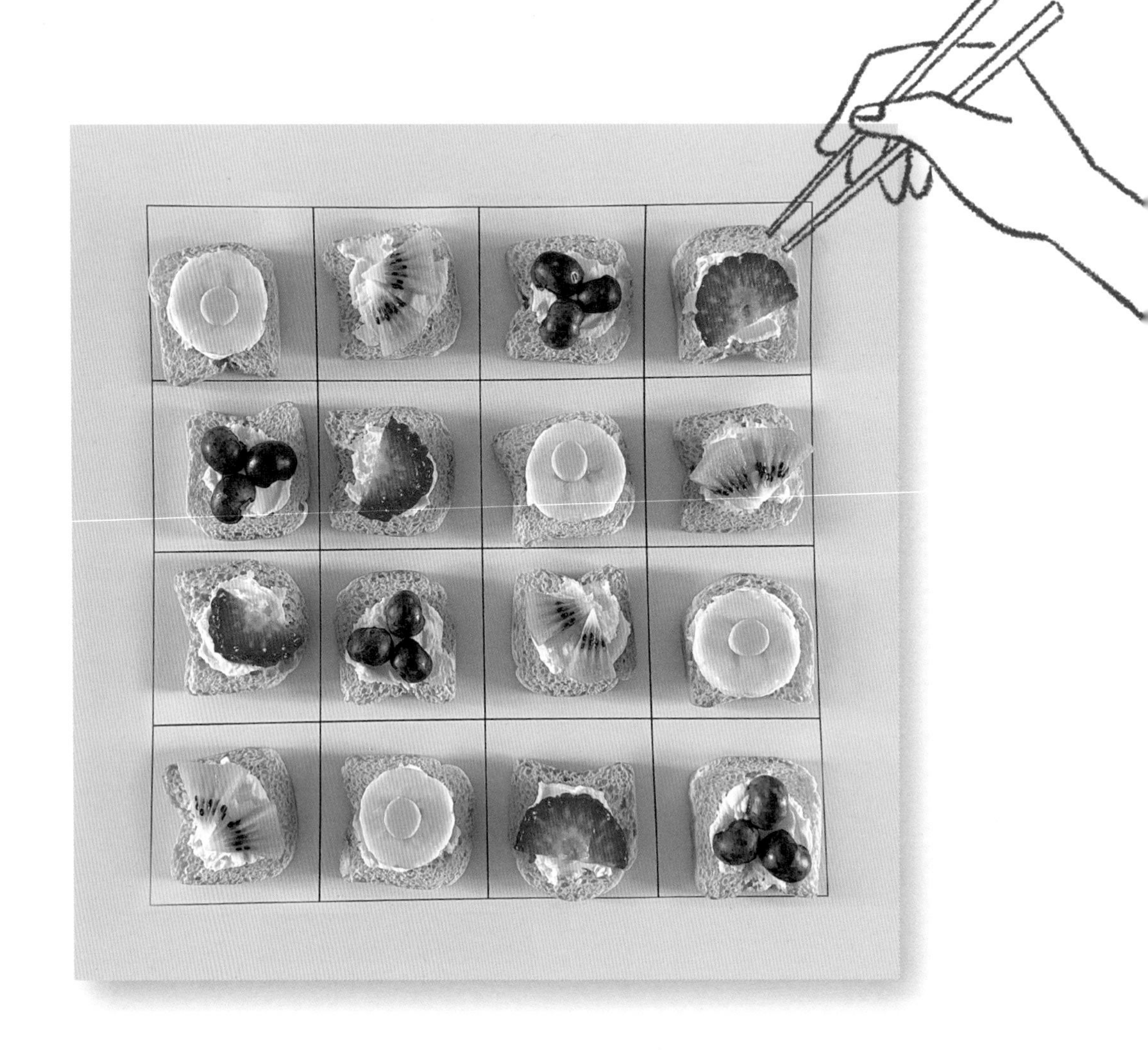

이번에는 과일 카나페 스도쿠 퍼즐 놀이로
두뇌 트레이닝 시간을 가져 볼까요?
한입에 쏙쏙 들어가는 미니 과일 카나페를
만들어서 스도쿠 퍼즐 놀이에 도전하면
아이들의 관심과 흥미를 끌어낼 수 있답니다.
스도쿠 퍼즐 놀이는 가로방향 세로방향으로
4가지의 과일 카나페가 하나씩만 들어갈
수 있다는 놀이 규칙에 따라 16개의 과일
카나페를 겹치지 않게 배열하는 놀이입니다
상큼한 디저트가 필요한 주말 오후!
문제 해결에 꼭 필요한 인내심과 관찰력까지
키워주는 에듀푸드표 스도쿠 퍼즐 놀이를
준비해 보세요.

아이와 이렇게 함께하세요!

카나페를 만들 과일을 선택할 때는 한눈에 색깔 구분이 쉬운 과일을 선택하는 것이 좋아요. 아이 스스로 스도쿠를 성공했다면,
엄마가 스도쿠 판에 과일 카나페를 먼저 몇 개 올려주고, 비어 있는 곳을 정해진 규칙에 맞게 채우도록 스도쿠의 난이도를 높여 주세요.

재료

- 미니 토스트
- 크림치즈
- 딸기
- 키위
- 블루베리
- 바나나
- 슬라이스치즈

크림치즈, 딸기, 키위, 블루베리, 바나나,
슬라이스치즈를 준비해 주세요.

미니 토스트 위에 크림치즈를 발라
총 16개를 만들어 주세요.

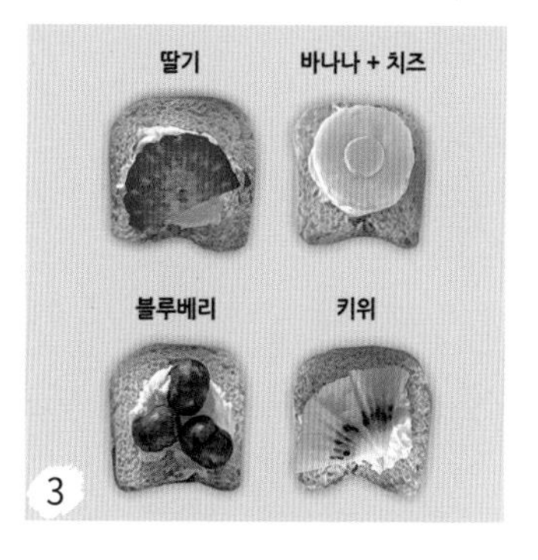

딸기는 반원 모양으로 잘라서 올리고,
바나나는 얇은 원 모양으로 자른 다음
가운데에 작은 원 모양의 슬라이스
치즈를 올려 주세요. 블루베리는 반으로
잘라 3개를 올리고, 키위는 작은 세모
모양으로 잘라 2개를 올려 주세요.

과일별로 4개씩 만들어 모두 16개의
카나페를 만들어 주세요.

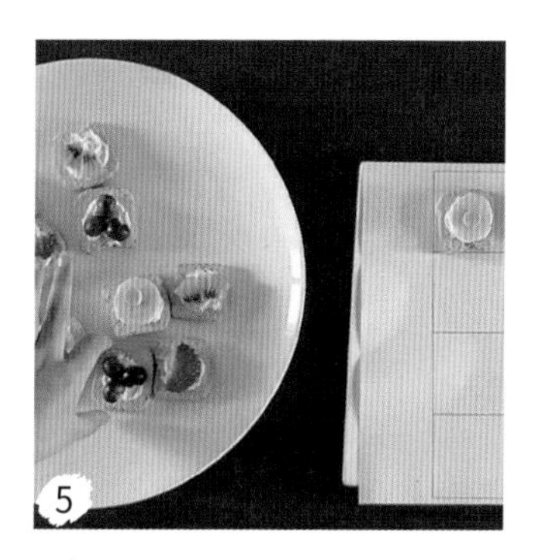

가로 4칸, 세로 4칸 스도쿠 판을 만들고,
아이가 가로방향 세로방향으로 겹쳐지는
과일이 없게 올리도록 규칙을 설명해
주세요.

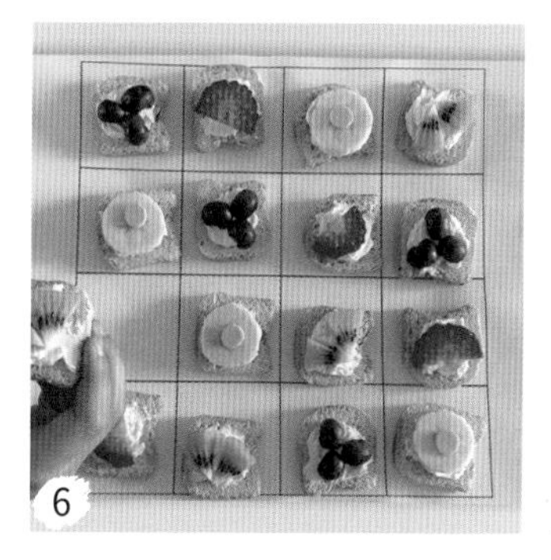

가로, 세로 겹쳐지는 과일이 없게
올렸다면 성공! 스도쿠 놀이가 끝나면
달콤한 간식 시간을 즐기며
아이의 활동 리뷰를 들어 보세요!

+아이랑

토르티야 시계

"엄마. 이건 몇 시야?" 아이가 스스로 시계를 보고 싶어 하고, 시계에 대해 호기심이 생겼다면 에듀푸드표 '토르티야 시계'를 만들어 주세요. 고소하고 바삭한 토르티야 위에서 째깍째깍 움직이는 오이 시침과 당근 분침은 그 어떤 교구 보다 재미있고 또 하고 싶은 시계 공부 시간을 완성해 줄 거예요.

아이와 이렇게 함께하세요!

토르티야 시계로 시간을 알아보며 아이의 하루 일과에 대해 이야기 나누어 보세요. "몇 시에 일어나지?", "몇 시에 유치원에 가지?", "몇 시에 저녁을 먹지?" 아이와 일과 속 시간 이야기를 나누며, 정각을 맞추는 놀이부터 분 단위를 맞추는 놀이까지 난이도를 높여가며 시계 보는 법을 자연스럽게 익혀보는 거예요.

재료

- 토르티야
- 다크초코 펜
- 화이트초코 펜
- 레드초코 펜
- 오이
- 당근

토르티야를 약한 불에 살짝 구워주세요.

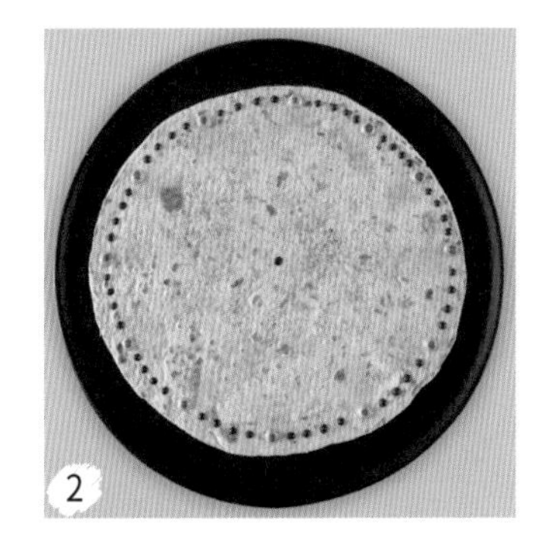

화이트초코 펜과 레드초코 펜으로
시간을 표시하는 눈금을 찍고,
다크초코 펜으로 분을 표시하는
눈금을 찍어 주세요.

다크초코 펜으로 1부터 12까지
시간을 그려 주세요.

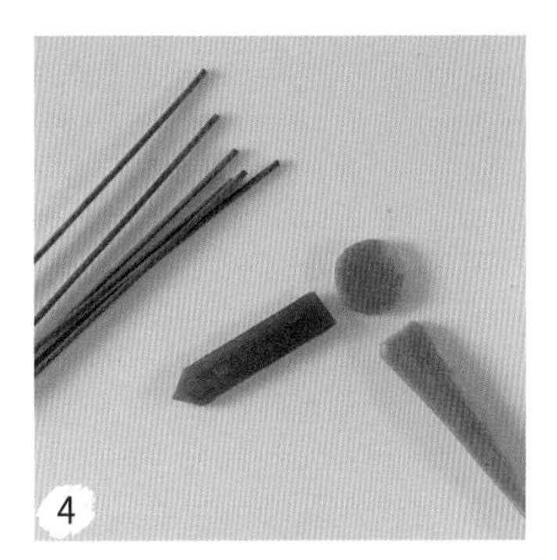

오이로 시침을, 당근으로 분침과
작은 동그라미를 만들고, 파스타면은
에어프라이어 또는 프라이팬에 구워
준비해 주세요.

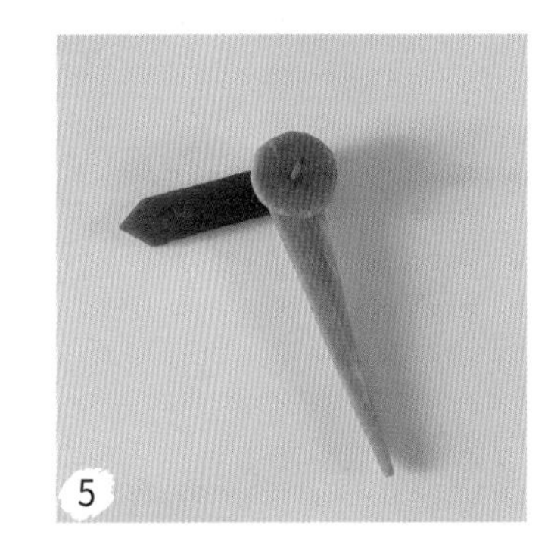

오이 시침과 당근 분침을 겹쳐 놓고,
당근으로 만든 원 모양을 맨 위에
올린 다음 구운 스파게티 면을 가운데에
꽂아 고정시켜 주세요. 이때 분침, 시침이
토르티야 중앙에 고정될 수 있도록
구운 스파게티 면의 아래쪽이 1cm정도
튀어나오게 꽂아 주세요.

시곗바늘을 토르티야 가운데에 꽂아
토르티야 시계를 완성하고,
아이와 오이와 당근 바늘을 돌려가며
시계 놀이를 해보세요.

+아이랑

식빵 아기10 만들기 놀이

아이가 숫자에 관심을 보이고
수에 대한 개념이 형성되기
시작했다면 간식 시간을 활용해
재미있는 연산 놀이를 해보세요.
귀여운 식빵 아기의 큰 입안에
윗니와 아랫니의 합이 10이 되도록
마시멜로로 이를 채워 주세요.
10단위 수를 머릿속에서 자유롭게
가지고 놀다 보면 수의 기본
단위에 대해 쉽게 이해하고 익힐
수 있답니다. 숫자 놀이를 모두
마친 다음 맛있는 식빵 아기 간식을
먹으며 즐거운 간식 시간도
즐겨 보세요.

아이와 이렇게 함께하세요!

엄마가 먼저 마시멜로 이를 몇 개 놓은 다음, 아이에게 마시멜로 이를 더 올려 숫자 '10'을 채울 수 있도록 해보세요.
"아기 이가 2개 나 있으면 몇 개가 더 나야 10이 될까?", "아기 이가 4개 나 있으면 몇 개가 더 나야 10이 될까?"하고 질문과 답을 주고받다 보면 자연스레 숫자 10의 개념을 익히게 된답니다.

재료

- 곡물식빵 2장
- 시리얼
- 슬라이스치즈
- 슬라이스햄
- 다크초코 펜
- 마시멜로

도구

- 스무디 빨대
- 가위 또는 과도

곡물식빵 2장을 토스트기에 살짝 구운 다음, 가위를 이용해 아기 얼굴 모양으로 잘라 주세요.

아기 얼굴 모양을 자르고 남은 식빵 가장자리를 나뭇잎 모양으로 잘라 보관해 주세요. 나중에 아기 헤어스타일을 꾸밀 때 사용할 거예요.

아기 얼굴 위를 멋진 헤어스타일로 꾸미고, 남은 식빵 가장자리를 활용해 2cm 정도의 직사각형 모양으로 잘라 눈썹을 만들어 주세요.

다른 식빵 위에도 똑같은 방법으로 눈썹을 만들어 올리고, 시리얼을 이용해 뽀글뽀글 재미있는 헤어스타일을 만들어 주세요.

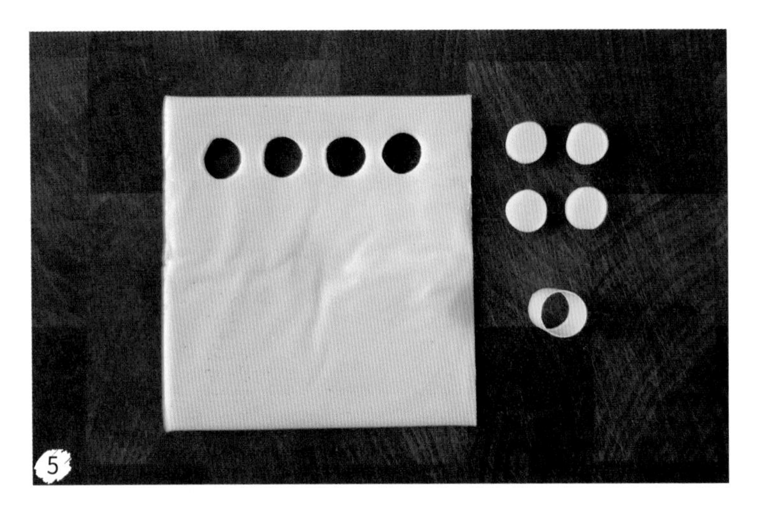

5

스무디 빨대를 사용해서 슬라이스치즈를 찍어 눈 모양을 만들어 주세요.

6

식빵 위에 치즈 눈을 올려 주세요.

7

슬라이스햄을 둥그스름한 하트 모양으로 잘라 아기가 입을 벌리고 있는 모양이
되도록 올려 주세요.

8

다크초코 펜을 활용해 치즈 위에 아기 눈동자를 그려 주세요.

다크초코 펜으로 슬라이스햄의 가장자리를 따라 라인을 그려서 아기 입을 완성해 주세요.

마시멜로를 준비하고, 윗니가 각각 4개, 2개 있는 모습으로 꾸며 주세요.

아이가 직접 마시멜로를 활용해 이의 총합이 10이 되도록 아랫니를 채울 수 있게 해주세요.

윗니의 개수를 다양하게 놓으며, 여러 방법으로 10 만들기 놀이를 즐길 수 있도록 해주세요.

바다에서 볼 수 없는 것 찾기

어느 날, 크루아상을 보고 '꽃게'가 떠오르는 거예요. 그렇게 해서 탄생한 에듀푸드표 인기 캐릭터인 '사과 다리 크루아상 꽃게'! 꽃게와 함께 바다에서 볼 수 있는 해초와 생물들을 만들어 접시를 꾸미고, 그 속에 바다에서 볼 수 없는 2가지를 몰래 숨겨 놓고 아이가 찾아볼 수 있도록 준비해 주세요. 바다에 살지 않는 2가지를 재미있게 찾다 보면, 아이에게 어느새 관찰하는 힘이 생겨 있을 거예요.

아이와 이렇게 함께하세요!

"바다에 가면 무얼 볼 수 있을까?" 아이에게 질문을 던져 보세요. 아이는 책과 경험을 통해 알게 된 바다에서 사는 것들을 떠올리며 신나게 이야기를 할 거예요. 아이의 이야기가 끝나갈 때 "접시 안에 바다에서 볼 수 없는 2가지가 숨어 있어. 한번 찾아볼까?"하고 다음 질문을 던져보세요. 아이가 답을 찾을 때마다 왜 바다와 연관성이 없는지 스스로 설명할 수 있게 이끌어 주면 사고력은 물론 아이 스스로 생각한 것들을 표현하는 힘까지 얻게 된답니다. 아! 정답은 신발과 옷이에요!

재료

- 크루아상
- 사과
- 콜라비
- 오이
- 당근
- 슬라이스치즈
- 다크초코 펜

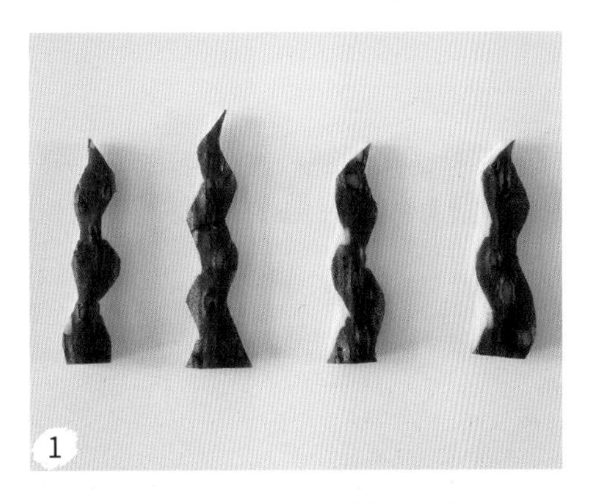

오이를 가로 2cm, 세로 7cm 크기의 직사각형 모양으로 자른 다음, 테두리를 해초 모양으로 다듬어 총 4개의 해초를 준비해 주세요.

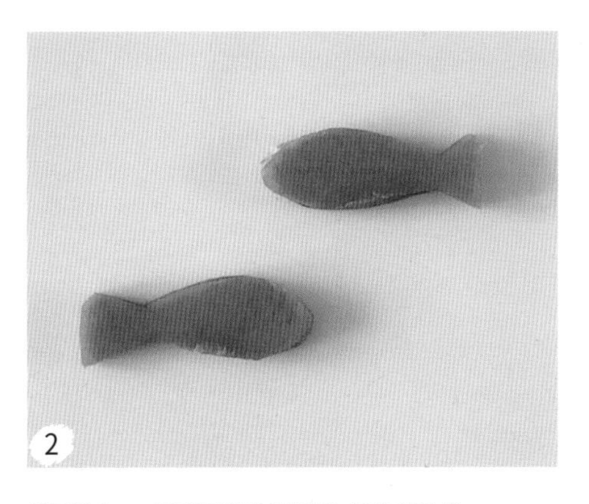

당근을 3mm 두께로 얇게 썬 다음, 칼을 이용해 총 2개의 물고기 모양을 만들어 주세요.

콜라비를 5mm 두께로 썬 다음, 칼을 이용해 지름 3.5cm 크기의 원 모양을 2개를 준비해 주세요.

콜라비를 5mm 두께로 썬 다음, 칼을 이용해 조개 모양과 물고기 모양을 1개씩 만들어 주세요.

콜라비 껍질을 신발 모양으로 잘라 주세요.

사과를 깨끗하게 씻어서 껍질째 얇게 자른 다음, 집게발 2개와 다리 6개를 만들어 주세요.

사과를 껍질째 얇게 잘라 크기 5cm 정도의 불가사리 모양을 만들어 주세요.

사과를 얇게 잘라 크기 5cm 정도의 소라 모양을 만들어 주세요.

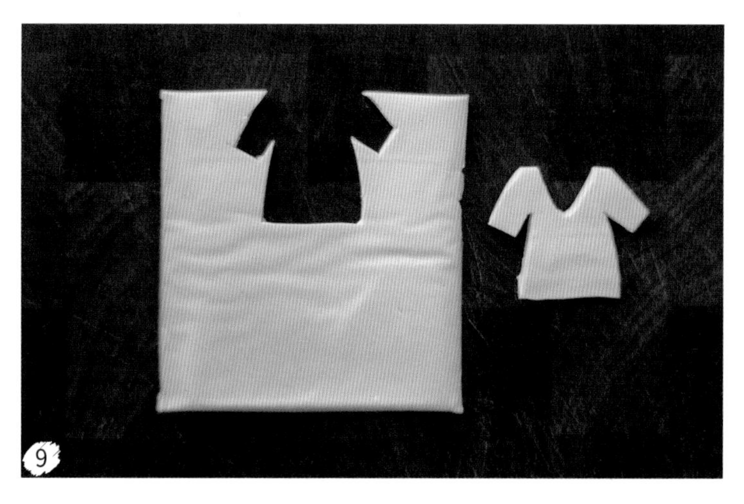

9

가위 또는 과도를 사용해 슬라이스치즈를 오려 티셔츠 모양을 만들어 주세요.

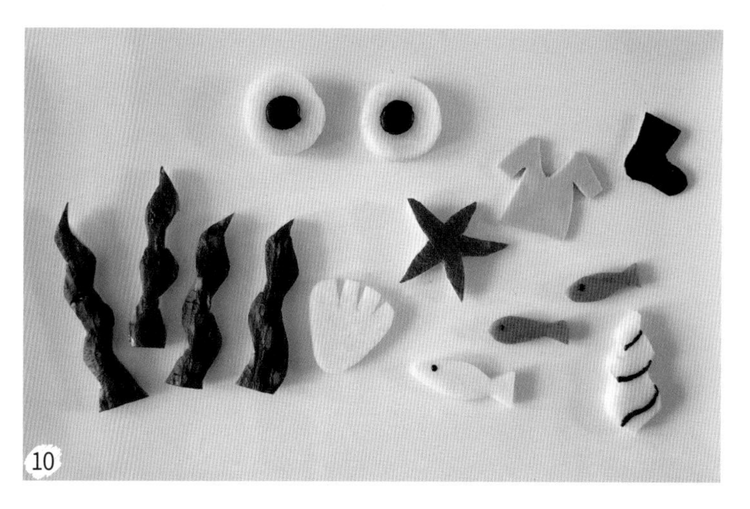

10

다크초코 펜으로 꽃게 눈과 물고기 눈, 소라의 무늬를 꾸며 주세요.

11

크루아상을 접시 위에 올리고, 콜라비로 만든 꽃게 눈을 나무 꼬치를 활용해 꽂고,
꽃게 발과 다양하게 만든 바다 생물, 해초, 신발과 티셔츠 모양을 접시에 올려 꾸며 주세요.

12

아이에게 접시 속에 바다와 관계 없는 모양 2개를 찾도록 질문하고 기다려 주세요.
정답을 모두 찾으면 맛있는 간식 시간을 즐기며 바다 생물에 대한 이야기를 나누어 보세요.

미로 찾기 카레밥

야채 섭취가 필요한 날에는
카레를 만들어요.
카레가 심심하게 느껴지는
날이면, 하얀 쌀밥으로
미로 찾기 모양 길을 만들고 빈 공간에
카레를 담아서 미로 찾기 카레밥을
만들어 보는 걸 추천해요.
사고력 놀이를 즐기며 하는 식사는
아이들을 즐겁게 만들어준답니다.
젓가락으로 길을 찾아 골인 지점에
도착하면 엄마 사랑을 닮은 하트 모양의
달콤 토마토를 먹을 수 있어요.

아이와 이렇게 함께하세요!

아이의 연령에 따라 미로 찾기 구조를 더 어렵게 만들어 난이도를 조절해 주는 것도 좋아요. 도착 지점에 아이가 좋아하는 맛있는 디저트를 놓아두면 놀이 집중력이 더 높아질 거예요.

재료

- 밥
- 채소, 고기로 만든 카레
- 방울토마토
- 샤인 머스캣
- 검은깨

1

밥을 길쭉하게 뭉쳐서 미로 찾기 길을 만들어 주세요.

2

채소와 고기를 넣고 만든 카레를 숟가락으로 떠서 빈 공간에 담아 채워 주세요. 이때, 카레가 밥 위로 넘치지 않게 양을 조절하세요.

3

빈 공간에 카레가 모두 채워지면 미로 찾기 길이 더 선명해 보여 아이들이 흥미를 가지고 사고력 놀이를 하기 좋아요.

4

핀셋을 이용해 검은깨로 화살표 모양을 만들어 시작 지점을 표시하세요.

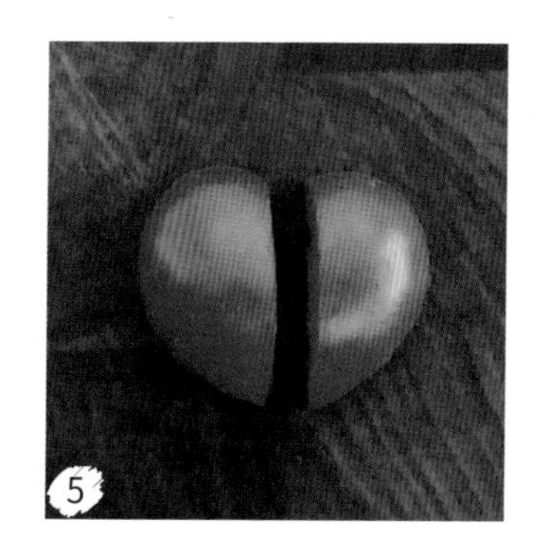

5

방울토마토를 비스듬하게 반으로 잘라 하트 모양으로 만들어 주세요.

6

미로 찾기 도착 지점에 샤인 머스캣과 하트 방울토마토를 담은 다음, 젓가락으로 미로 찾기 길을 따라 도착 지점까지 찾아가 보도록 도와주세요.

+아이랑

달걀피자 분수 놀이

아이가 오후 간식으로 피자를 먹고 싶다고 이야기 한 날이라면, 에듀푸드의 피자를 떠올려 주세요! 달걀을 곱게 풀어서 예쁘게 썬 채소와 맛살을 넣고 동그랗게 구워서 피자처럼 8조각으로 잘라주면 아이와 분수 놀이가 가능한 에듀푸드표 피자가 완성됩니다.

✰ 책 뒤에 삽입된 활동지를 활용하세요.

아이와 이렇게 함께하세요!

'달걀피자 한 조각은 전체의 1/8이에요. 한 조각을 먹은 후, 다시 한 조각을 더 먹으면 달걀피자는 모두 얼마나 먹었나요? 정답은 2/8개!'
아이에게 달걀피자를 먹으면서 분수 문제를 내보세요. 그리고 분수에서 아래에 적은 수를 분모, 위에 적은 수를 분자라는 것을 함께 설명해 주세요.
분모는 '전체 조각 수'를 의미하고 분자는 '그중의 몇 조각' 인지를 나타낸다는 걸 알려주면 분수의 개념에 더욱 쉽게 접근하게 된답니다.

재료

- 달걀
- 맛살
- 브로콜리
- 송이버섯
- 양파
- 당근
- 케첩
- 소금
- 마요네즈
- 식용유

도구

- 짤주머니

당근, 버섯, 브로콜리, 양파는 잘게 다지고,
맛살은 얇게 찢어서 준비해 주세요.

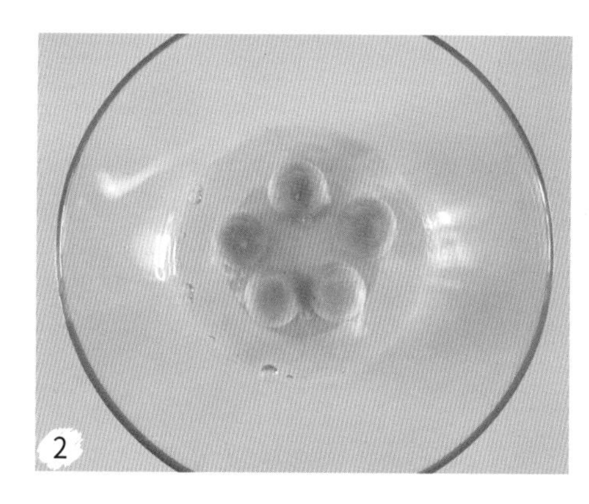

유리 볼에 달걀 5개를 넣고 곱게 풀어 주세요.

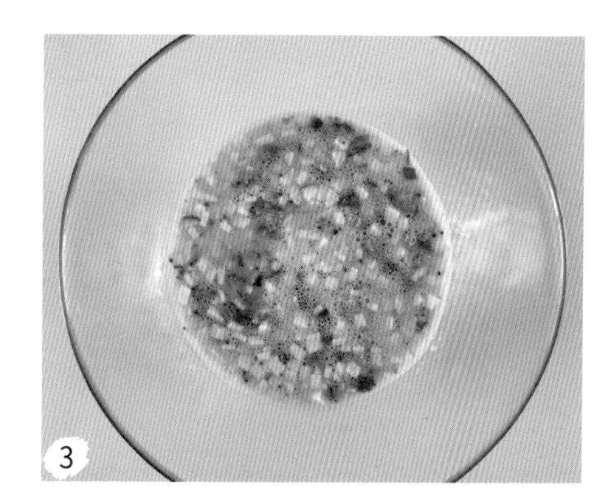

달걀에 다진 채소와 맛살을 넣고 잘 섞은 다음,
소금 간을 살짝 더해 주세요.

프라이팬에 식용유를 두르고 동그란 모양으로
노릇노릇하게 구워 주세요.

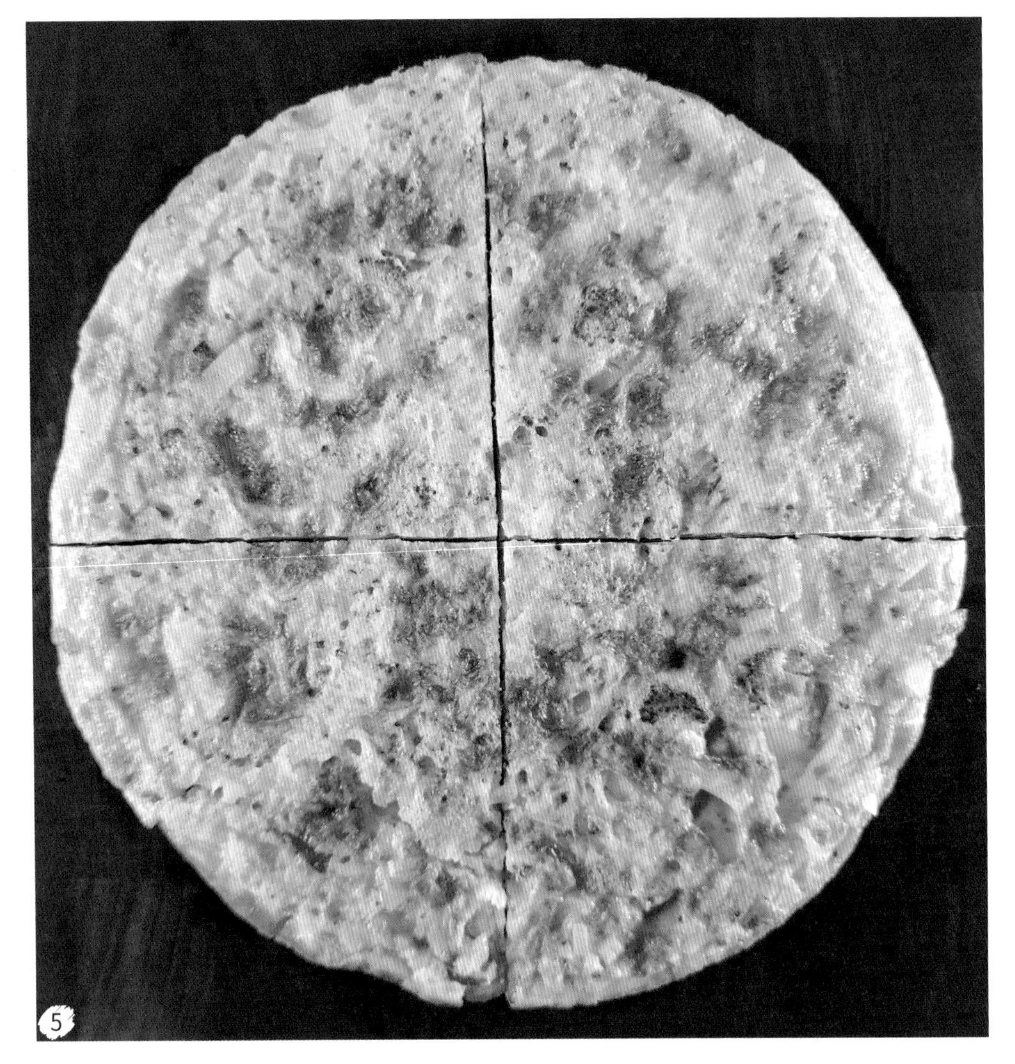

잘 구워진 달걀을 순서대로 가로 반, 세로 반으로 잘라 4조각으로 나누어 주세요.

4조각이 된 달걀을 대각선으로 두 번 더 잘라 8조각으로 만들어 주세요.

케첩과 마요네즈를 짤주머니에 담아서 준비하고, 달걀 위를 꾸며 주세요.

8

케첩은 동그랗게 짜 햄 모양처럼, 마요네즈는 길쭉하게 짜 치즈 모양처럼 꾸며 주면 다양한 토핑이 올라간 듯 맛있는 피자가 완성됩니다.

9

자! 이제 완성된 달걀피자로 아이와 분수 놀이를 시작해 볼까요? 분수카드 활동지(213쪽)를 잘라 준비하고, 아이가 뽑은 분수 카드에 따라 접시에 달걀피자 2조각을 옮겨 담으면 8조각 중에 2조각을 옮겨 담았으니 2/8라는 것을 알려 주세요.

10

그다음 카드에 따라 달걀피자를 접시에 5조각 옮겨 담으면 8조각 중에 5조각을 옮겨 담았으니 5/8라는 것을 알려주세요. 분수 놀이를 모두 마치고 달걀피자를 맛있게 먹으며 에듀푸드 시간을 마무리하세요.

묶음과 낱개 과자 수 놀이

아이가 한 자릿수 개념을 잘 익히고, 두 자릿수 배우기에 도전하려 한다면 도넛, 막대 과자, 시리얼 간식을 먹으면서 묶음과 낱개의 개념에 대해 배워보는 것이 많은 도움이 될 거예요. 어려운 수 놀이도 아이들이 좋아하는 간식을 활용해서 다루어 보면 재미있게 접근할 수 있을 뿐 아니라 수에 대한 상상력도 풍부하게 만들어 준답니다. 생활 속에서 재미있는 수 놀이 활동을 반복해 주면 아이들은 수를 이미지로 떠올릴 수 있게 되고, 자유롭게 수를 세는 단계까지 성장해 나갈 수 있어요.

 책 뒤에 삽입된 활동지를 활용하세요.

Tip **아이와 이렇게 함께하세요!**

아이에게 먼저 수 카드 한 장 뽑게 하고 카드에 적힌 수의 양만큼 막대 과자에 시리얼을 끼워보게 해주세요. 이때 10개의 시리얼은 한 묶음이라는 걸 알려주고 묶음을 빼고 남은 시리얼은 낱개라는 것도 알려 주면 묶음과 낱개에 대한 개념도 쉽게 익힐 수 있어요. 여러 수 카드를 뽑아서 같은 방법으로 묶음과 낱개에 맞게 활동을 반복해 보세요.

* **묶음:** 한데 모아서 묶어 놓는 덩이, 묶어 놓은 덩이를 세는 단위 * **낱개:** 여럿 가운데 따로따로인 한 개

재료

- 가운데 구멍 난 도넛
- 막대 모양 과자
- 시리얼

가운데 구멍이 난 동그란 모양의
도넛 1개를 준비해 주세요.

길쭉한 막대 모양의 과자와
가운데 구멍이 난 시리얼을 넉넉하게
준비해 주세요.

숫자카드 활동지(213쪽)를 가위로
잘라 주세요.

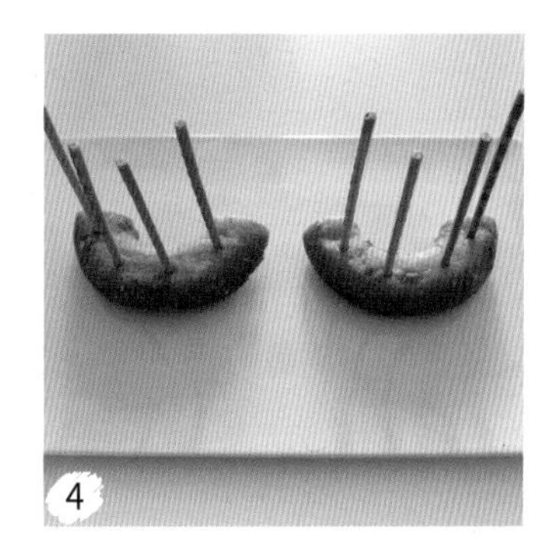

도넛을 반으로 자른 다음, 막대 과자를
도넛 한쪽에 4개씩 꽂아 주세요.

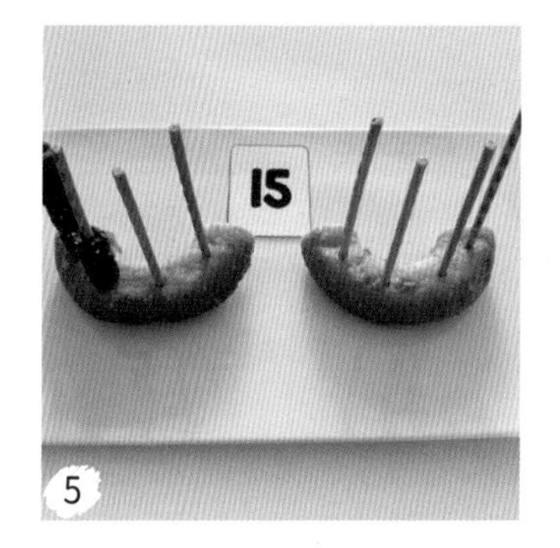

아이에게 수 카드를 뽑게 하고 카드에
나온 수만큼 막대 과자에 시리얼을
끼우도록 도와 주세요. 이때 막대과자
하나에 10개의 시리얼을 끼우면
1묶음이라는 것을 알려 주고, 나머지는
낱개라는 것도 이야기해 주세요.

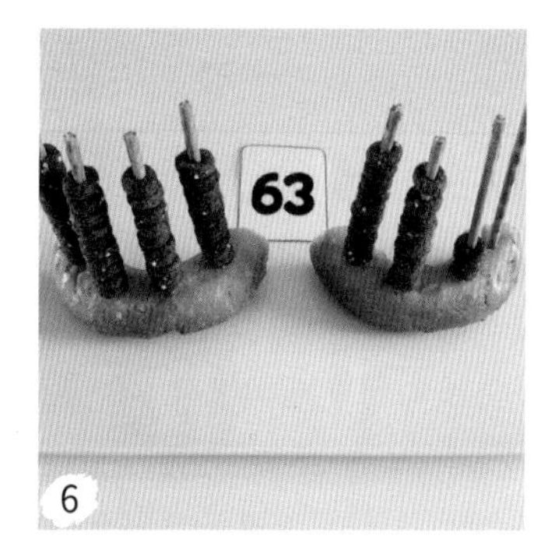

다양한 수 카드를 뽑아 놀이를 반복하며,
묶음과 낱개의 개념과 두 자릿수에 대한
이해를 키우고 재미있게 수를 익힐 수
있도록 해주세요. 중간중간 꽂혀 있는
시리얼을 간식으로 먹으며 활동의
재미를 더해 주세요.

먹는 과학

아이들에게
오래도록 기억되는
과학 이야기

식물, 동물, 행성 등 자연과 우주에 관한 이야기만큼
아이들에게 흥미로운 이야기 소재는 없을 거예요.
'식물의 한살이', '태양계 행성 이야기' 등
책으로 보면 어렵고 이해하기 힘든 과학 이야기들이
에듀푸드와 함께라면 오래도록 기억되는
특별한 이야기로 변신한답니다.

치즈 달의 변화

밤하늘의 달은 아이들에게 수많은 이야기를 상상하게 만드는 신비로움이 있죠. 달은 지구 곁에 붙어서 인공위성처럼 지구를 돌면서 밤마다 모습을 바꾸는데, 이런 변화를 달콤한 달 간식으로 표현해 아이들이 재미있게 이해하고 기억하도록 해주면 어떨까요? 곡물식빵, 초코잼, 슬라이스치즈, 슈거파우더만 있으면 접시 위에 아름다운 밤 하늘이 펼쳐진답니다.

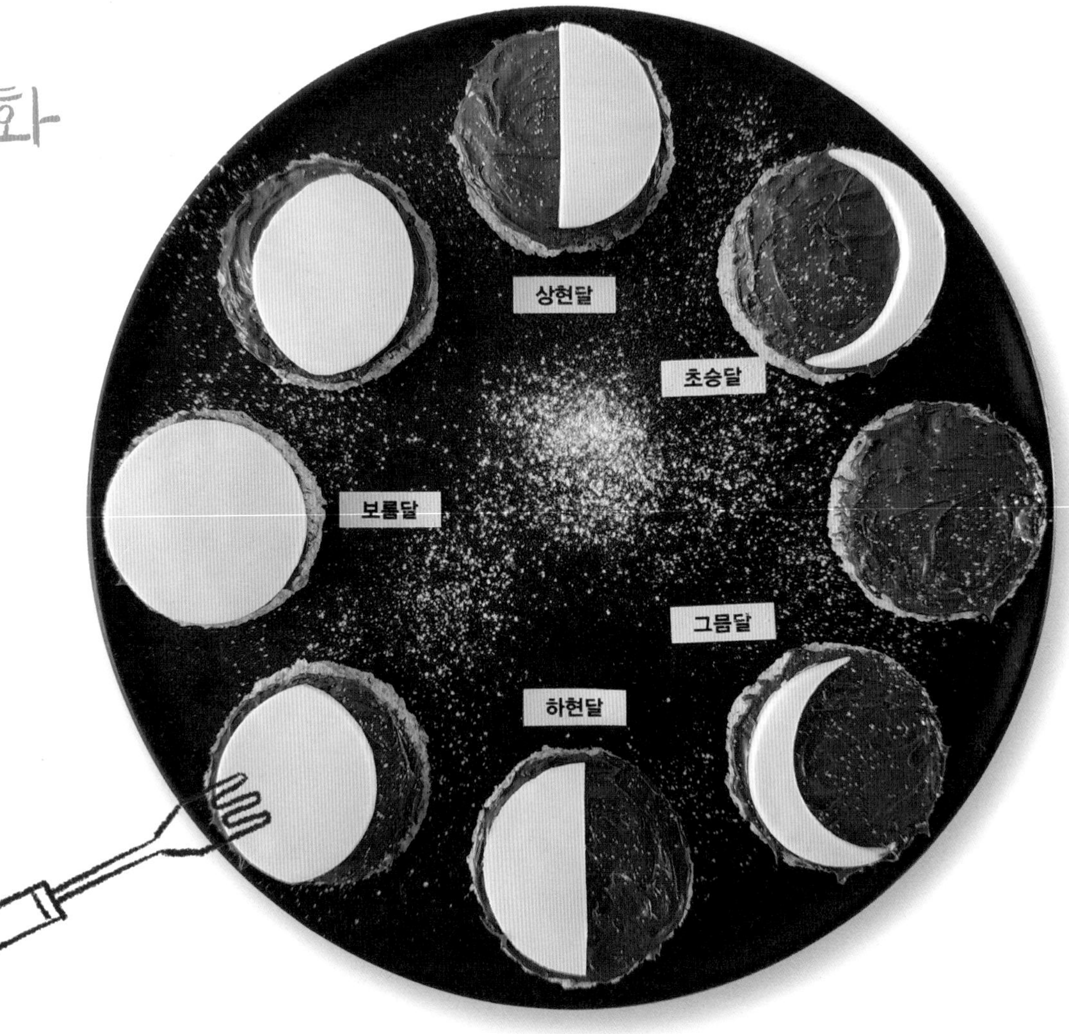

아이와 이렇게 함께하세요!

달의 모습은 달에 태양빛이 비치는 각도, 지구에서 달을 바라보는 각도, 달의 위치 등에 따라 매일 밤 변한다는 것을 알려 주세요. 지구과학에도 나오는 달의 모양과 이름은 자주 헷갈릴 수 있어서 재미있게 배워 두면 오래 기억될 거예요.

재료

- 곡물식빵 2장
- 슬라이스치즈 2장
- 초코잼
- 슈거파우더

도구

- 검정색 접시
- 가위 또는 과도
- 5cm 원형 틀
- 4.5cm 원형 틀

1 곡물식빵은 토스트기에 살짝 구워 주세요.

2 지름 5cm 정도 되는 원형 틀을 사용해 사진과 같이 식빵을 찍어 주세요.

3 모두 8개의 원형 모양을 찍어 주세요.

4 가위를 사용해 찍힌 자국을 따라 식빵을 동그랗게 잘라 주세요.

5

원형 모양으로 자른 곡물식빵을 검은색 접시 가장자리를 따라 동그랗게 배치해 주세요.

6

초코잼을 식빵 위에 꼼꼼하게 발라 주세요.

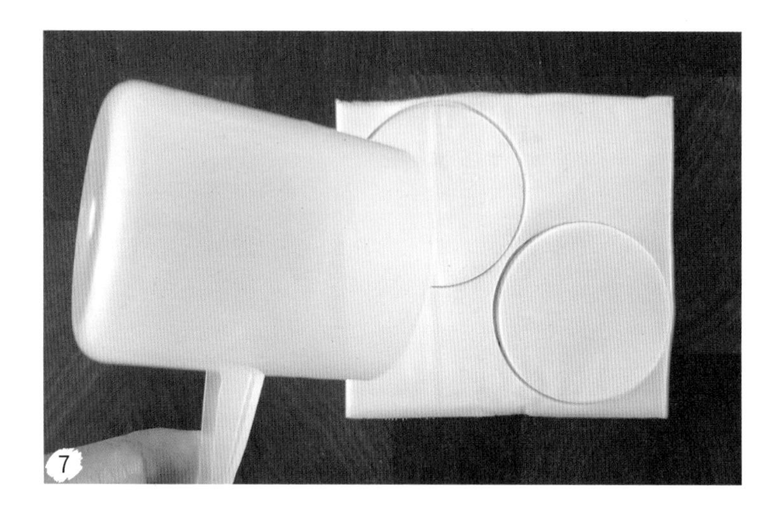

7

슬라이스치즈 2장을 준비하고, 지름 4.5cm 정도 크기의 원형 틀로 찍어서 총 4개의
원형 모양을 만들어 주세요.

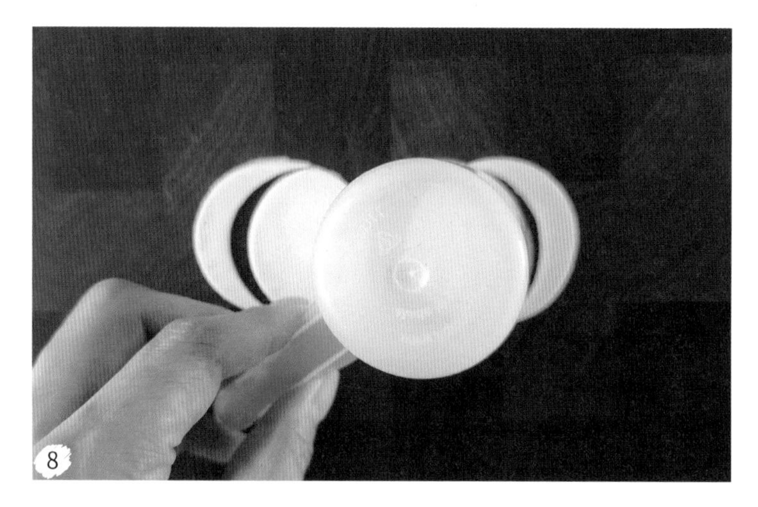

8

원형 모양 치즈 2개는 원형 틀을 사용해 초승달 모양으로 찍어 주세요.

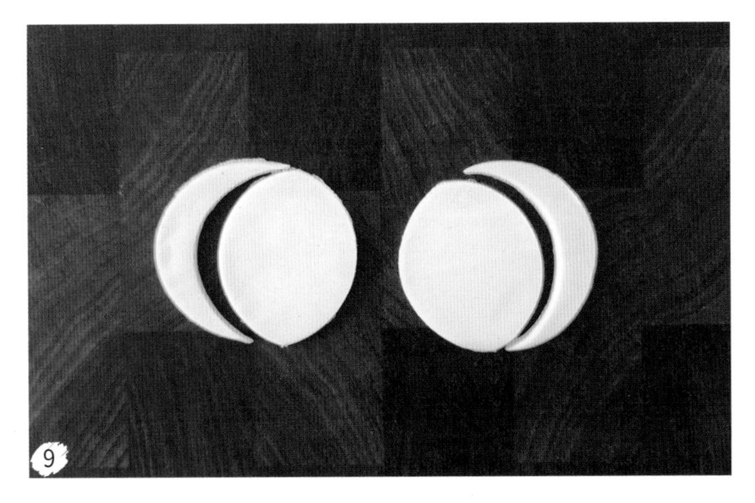

그림과 같이 초승달 모양 2개, 둥근 반달 모양 2개가 나오도록 잘라 주세요.

원형 모양 치즈 1개는 반으로 잘라서 반달 모양 2개로 만들어 주세요.

초코잼을 바른 곡물 식빵 위에 달 모양 치즈를 사진과 같이 올려 주세요.

슈거파우더를 뿌리고 달의 이름을 출력해서 해당하는 달 옆에 올려 주면 완성!

태양계 행성

아이들에게 우주에 펼쳐진 행성만큼
신비롭고 재미있는 존재가 있을까요?
행성의 특성과 닮은 우리 주변의
식재료를 찾아 나만의 우주를
만들어보는 시간을 통해 아이가 더욱
특별한 우주여행을 할 수 있도록
해주세요. 검은색 접시에 오렌지 태양을
중심으로 8개 행성의 위치를 배치하고
초코 펜으로 특징을 그려 주세요.
여기에 슈거파우더로 반짝이는 별들을
꾸며주면 신비롭고 아름다운 우주가
접시 위에 펼쳐진답니다.

Tip

아이와 이렇게 함께하세요!

아이와 태양계 행성 간식을 먹으면서 행성의 이름과 특징에 대해서 이야기 나누어 보세요.
태양(오렌지), 수성(땅콩), 금성(바나나), 지구(키위), 화성(적포도), 목성(살라미), 토성(치즈), 천왕성(샤인 머스캣), 해왕성(블루베리)을
접시 위에 만들어 올리고 행성의 특징을 재료와 연관시켜서 이야기하면 아이는 더욱 특별하게 행성을 기억하게 될 거예요.

재료

- 오렌지
- 블루베리
- 샤인 머스캣
- 슬라이스치즈
- 살라미
- 적포도
- 키위
- 바나나
- 찹쌀 땅콩
- 별사탕
- 슈거파우더

도구

- 초코 펜

오렌지를 1cm 정도의 두께로 동그랗게 잘라서 접시 아래쪽에 올려 태양을 만들어 주세요.

블루베리를 오렌지 왼쪽에 놓아 해왕성을, 반으로 자른 샤인 머스캣을 블루베리 위쪽에 놓아 천왕성을 만들어 주세요.

슬라이스치즈를 잘라 지름 3cm의 동그라미와 고리 모양을 만들어 토성을 완성하고, 샤인 머스캣 위에 올려 주세요.

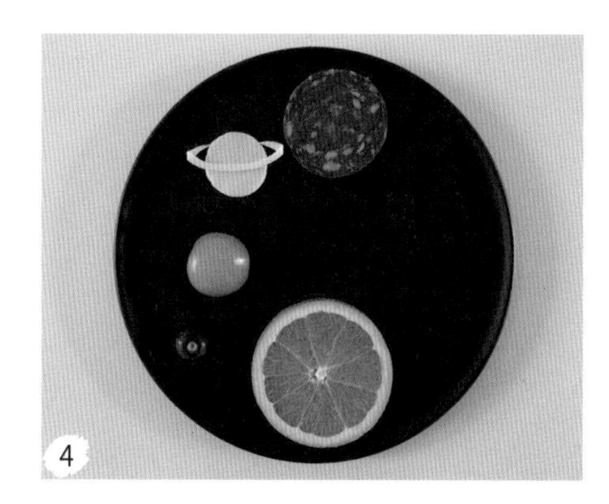

살라미를 잘라 토성 위에 놓고 목성을 만들어 주세요.

5

적포도를 반으로 잘라서 살라미 옆에 놓아 화성을,
키위를 1cm 두께로 동그랗게 잘라 적포도 아래에 놓아
지구를 완성해 주세요.

6

바나나를 1cm 정도의 두께로 동그랗게 잘라서
키위 아래쪽에 놓아 금성을, 찹쌀 땅콩을 오렌지 위쪽에
놓아 수성을 완성해 주세요.

7

별사탕을 살라미 주변에 놓고 목성 주변을 떠도는 위성을 표현해 주세요.

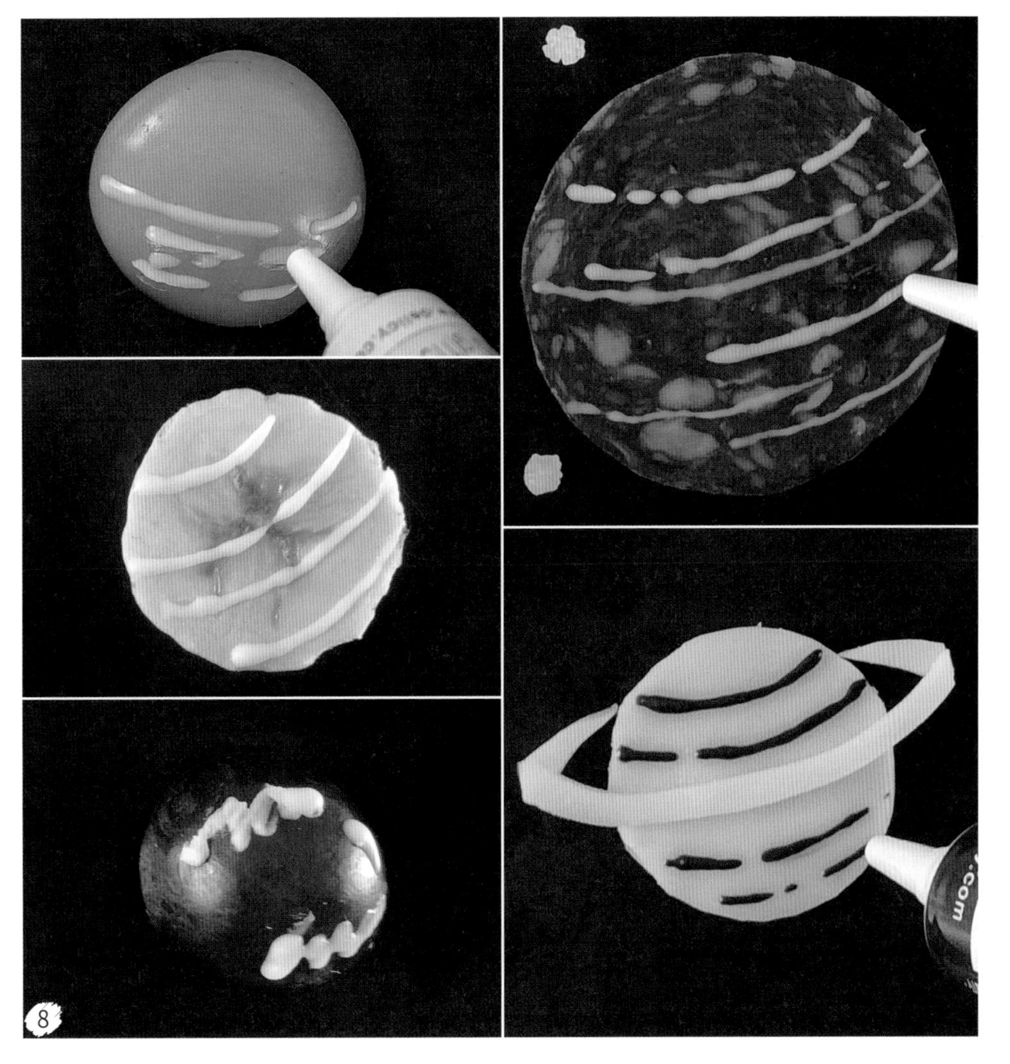

8

초코 펜으로 행성의 특징을 그려 주세요.

9

슈거파우더를 뿌려 별을 꾸미고, 아이와 함께
행성의 특징과 이름에 대해 이야기 나누어 보세요.

10

태양계 행성 간식을 맛있게 먹으며 평소 행성에 대해
궁금했던 것들에 대해 이야기를 주고받아 보세요.

화산 폭발 볶음밥

접시 위에서 화산 폭발이
일어난다면 아이들에게 이보다
더 신기한 메뉴가 있을까요?
아이와 함께 화산 관련 책을
읽고 화산 폭발 볶음밥을
만들어서 독후 활동을 해보세요.
햄야채 볶음밥을 산처럼
뭉쳐서 접시에 담고 감태로
울창한 숲을 꾸며 주고,
가운데 구멍을 뚫어
케첩을 뿌린 다음
당근 불을 꽂아주면 끝!
과정은 간단, 재미는 오래가는
에듀푸드 메뉴랍니다.

아이와 이렇게 함께하세요!

화산 폭발 볶음밥을 먹으면서 화산이 어떻게 생기게 되는지 이야기 나누어 보세요. 땅속 깊은 곳에서 만들어진 마그마가 땅 위로 솟아오르면서 만들어진 산이 '화산'이고, 마그마가 땅 위로 흘러나온 것이 '용암'이라는 것을 이야기해 주며 아이가 과학적 상식을 재미있게 익힐 수 있도록 해주세요.

재료

- 햄
- 양파
- 당근
- 오이
- 밥
- 식용유
- 소금
- 감태
- 케첩

중불로 달군 프라이팬에 식용유를 두르고 잘게 다진 햄, 당근, 양파, 오이를 넣고 볶아 주세요. 야채가 익으면 밥을 넣고 함께 볶고 소금 간으로 마무리해 주세요. 완성된 볶음밥은 한김 식혀 산처럼 뭉쳐서 접시 위에 올려 주세요.

일회용 장갑을 끼고 손가락을 활용해 주먹밥 가운데에 동그랗게 구멍을 뚫어 주세요.

주먹밥 겉면에 감태를 붙여서 산의 느낌이 나도록 꾸며 주세요.

케첩을 구멍 안에 채워 넣어 마그마를 만들고, 밖으로 흘러나오게 발라 용암도 만들어 주세요.

당근은 불 모양으로 잘라 주세요.

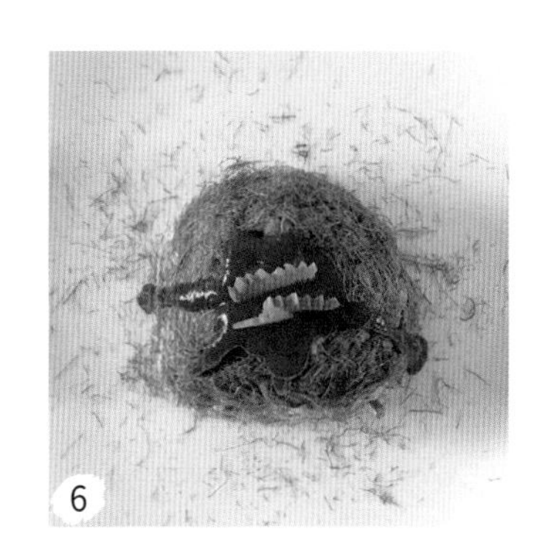

불 모양 당근을 볶음밥 맨 위쪽에 꽂으면 화산 폭발 볶음밥 완성!

채소 뼈 놀이

아이들과 뼈에 대한 책을 읽고
여러 가지 채소로 사람 뼈
모양을 만들어 보세요.
채소의 색감과 특징을 살려
뼈의 각 부분을 만들어
사람 모양을 완성해 주면 다소
딱딱하고 무섭기도 한 '몸속뼈'에
대해 재미있고 유쾌하게 배울 수
있게 된답니다. 채소 뼈 놀이를
통해 뼈의 명칭과 위치, 각각의 뼈가
어떤 기능을 하는지 자연스럽게 배워
보고, 마지막에는 각 부분의 채소
뼈를 먹으며 영양소까지 듬뿍 채우는
시간을 가져 보세요.

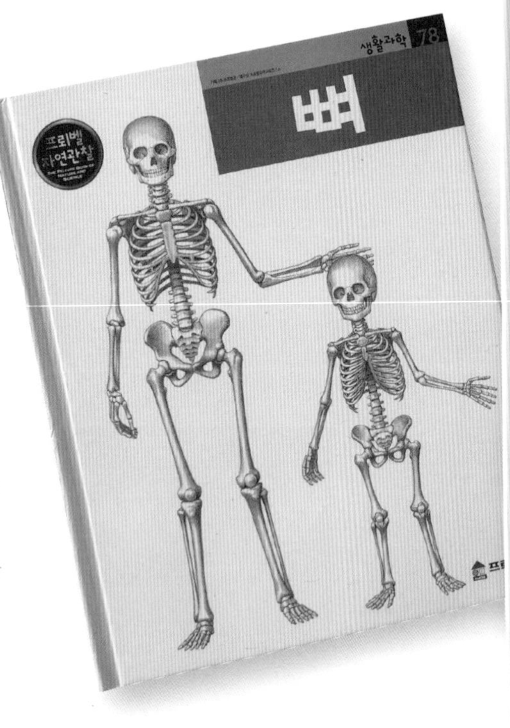

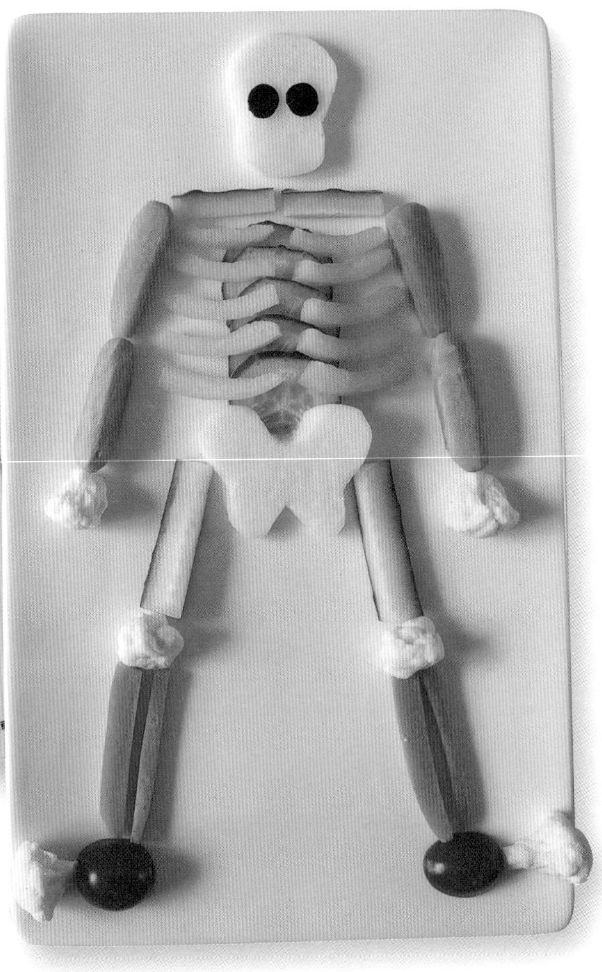

아이와 이렇게 함께하세요!

"하얀 콜라비는 머리뼈와 골반뼈가 되었네", "노란 파프리카는 가슴뼈가 되었네" 채소로 만든 뼈를 보며 뼈의 명칭과 기능을 이야기 나누다 보면
아이들은 자연스레 몸의 구조에 대해 이해하게 되고, 평소에 채소를 안 먹던 아이들도 뼈로 변신한 채소 모양에 호기심이 폭발해 채소의 맛을 경험해 보고 싶어 할 거예요.

재료

- 오이
- 당근
- 콜라비
- 파프리카
- 방울토마토
- 콜리플라워

도구

- 가위 또는 과도

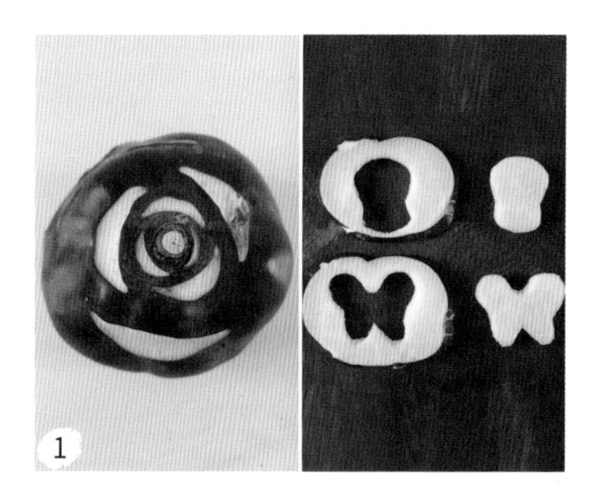

콜라비를 얇게 잘라 머리뼈 모양과 골반뼈 모양으로 만들어 주세요.

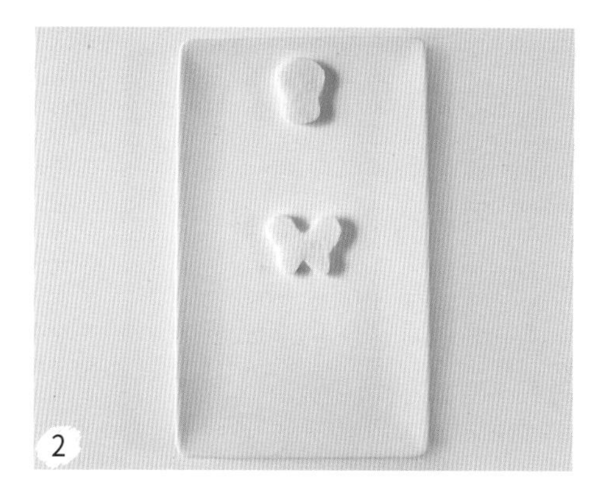

직사각형 모양의 접시 위쪽에 머리뼈를 올리고 접시 중간에 골반뼈를 올려 주세요.

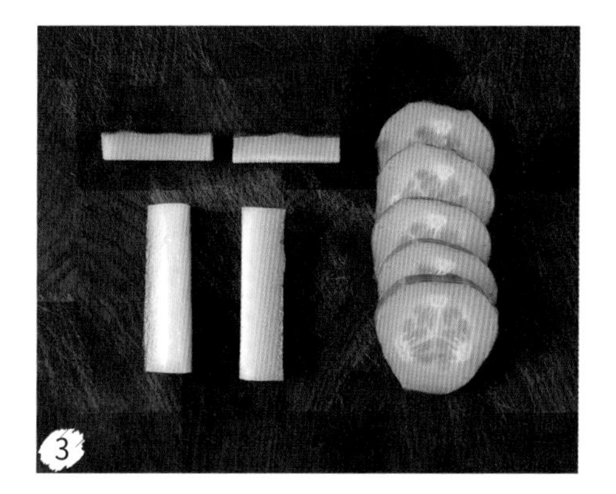

오이를 동그란 모양으로 얇게 잘라 척추뼈 5개를 만들어 주세요. 그리고 오이를 가로 3cm, 세로 0.5cm의 직사각형 모양으로 잘라 쇄골뼈 2개를 만들어 주고, 마지막으로 오이를 가로 1.5cm, 세로 6cm로 잘라 넓적다리뼈 2개를 만들어 주세요.

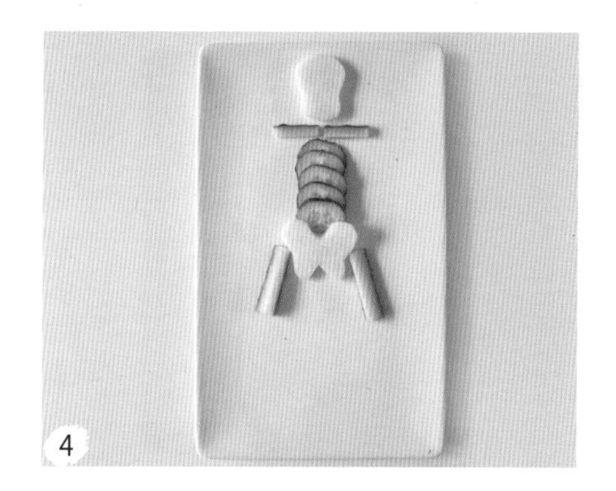

머리뼈 아래쪽에 오이로 만든 쇄골뼈를 배치하고, 얇게 자른 오이를 겹쳐 척추뼈를 만들어 주세요. 골반뼈 양옆쪽으로는 오이로 만든 넓적다리뼈를 배치해 주세요.

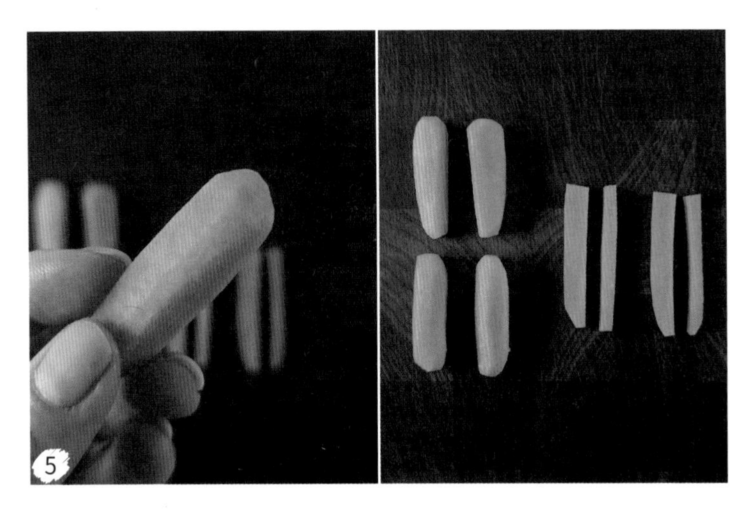

당근을 가로 1.5cm, 세로 5cm로 잘라 총 4개의 팔뼈를 만들어 주세요.
그다음 당근을 가로 1cm, 세로 6cm로 잘라 총 2개를 정강이뼈를 만들고, 마지막으로
당근을 가로 0.5cm, 세로 6cm로 잘라 총 2개의 종아리뼈를 완성해 주세요.

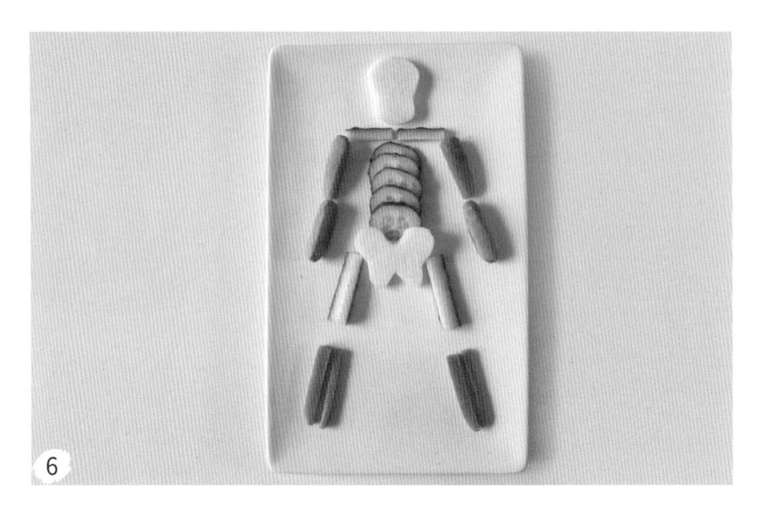

쇄골뼈 양옆에 당근으로 만든 팔뼈를 배치하고, 넓적다리뼈 아래쪽에 당근으로 만든
종아리뼈와 정강이뼈를 놓아 주세요.

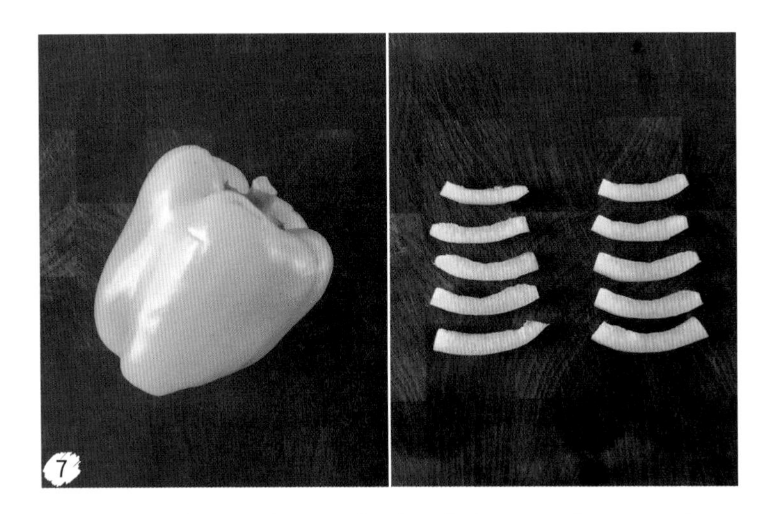

노란 파프리카를 가로 3cm, 세로 0.5cm의 크기로 4개, 가로 3.5cm, 세로 0.5cm 크기로
6개를 잘라서 가슴뼈를 만들어 주세요.

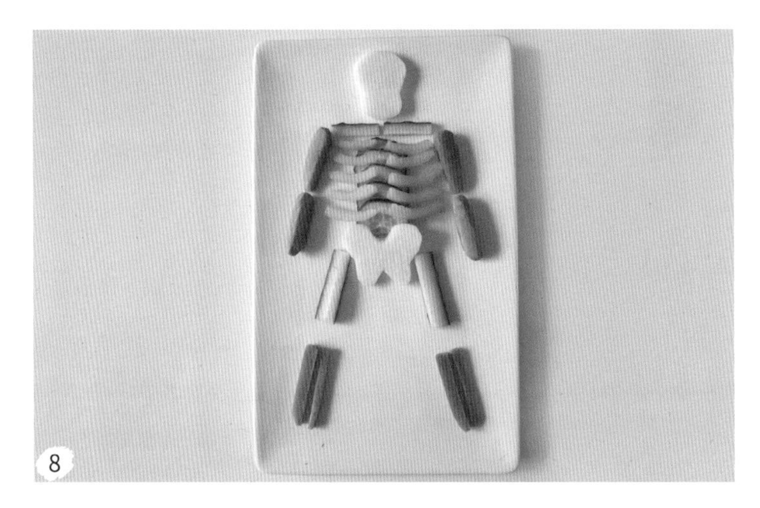

척추뼈 위에 파프리카로 만든 갈비뼈를 올려 주세요.

9

콜리플라워를 가로 2cm 정도의 크기로 4개를 자르고, 줄기 부분을 살려 3cm 정도의 크기로 2개를 잘라 주세요.

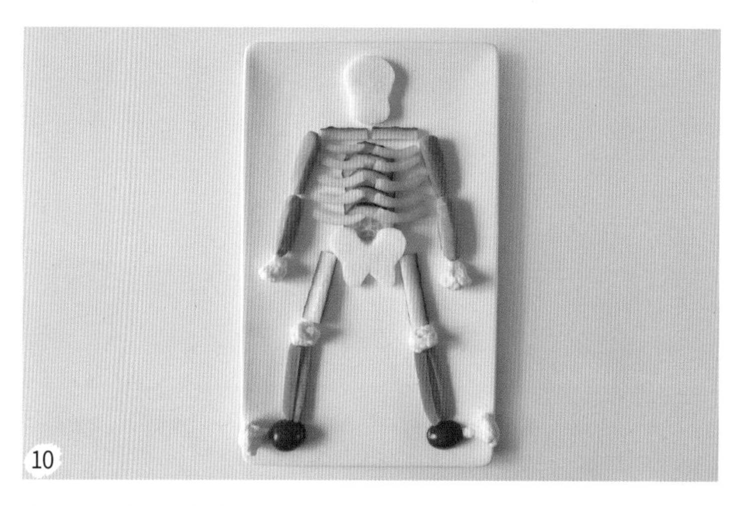

10

가로 2cm로 자른 콜리플라워 4개를 손뼈와 무릎뼈에 올려주고, 방울토마토를 반으로 잘라 맨 아래쪽에 올려준 다음, 가로 3cm의 콜리플라워를 올려 발가락뼈를 완성해 주세요.

11

얇게 깎아 준비한 콜라비 껍질을 지름 1cm 정도로 2개 잘라 눈 뼈를 만들어 주세요.

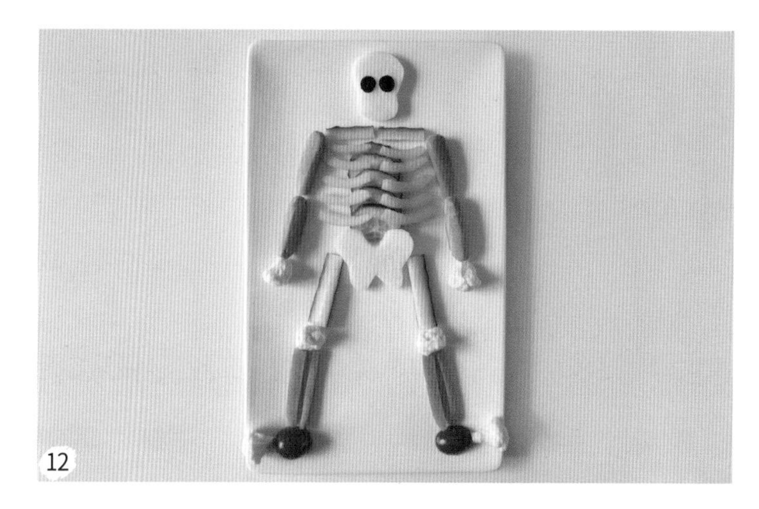

12

머리뼈 위에 콜라비 껍질로 만든 눈 뼈를 올려주면 달그락달그락 맛있는 채소 뼈 완성!

큰창자 낫토

낫토는 칼슘과 비타민이 풍부하고 장 건강에 좋은 착한 식품이지만 아이들이 쉽게 친해지기 어려운 식품 중 하나이기도 하죠. 낫토를 활용해 큰창자를 만들고 재미있는 몸속 탐험 이야기를 나누다 보면 낫토의 낯선 냄새와 식감에 대한 거부감은 사라지고 긍정적인 인상을 심어 줄 수 있어요. 낫토에 들어 있는 좋은 영양분에 대해 이야기해 주고, 낫토를 먹게 되면 몸에 어떤 좋은 변화가 일어나는지 알려 줘 아이 스스로 '낫토가 얼마나 좋은 식품'인지 느낄 수 있도록 해주세요.

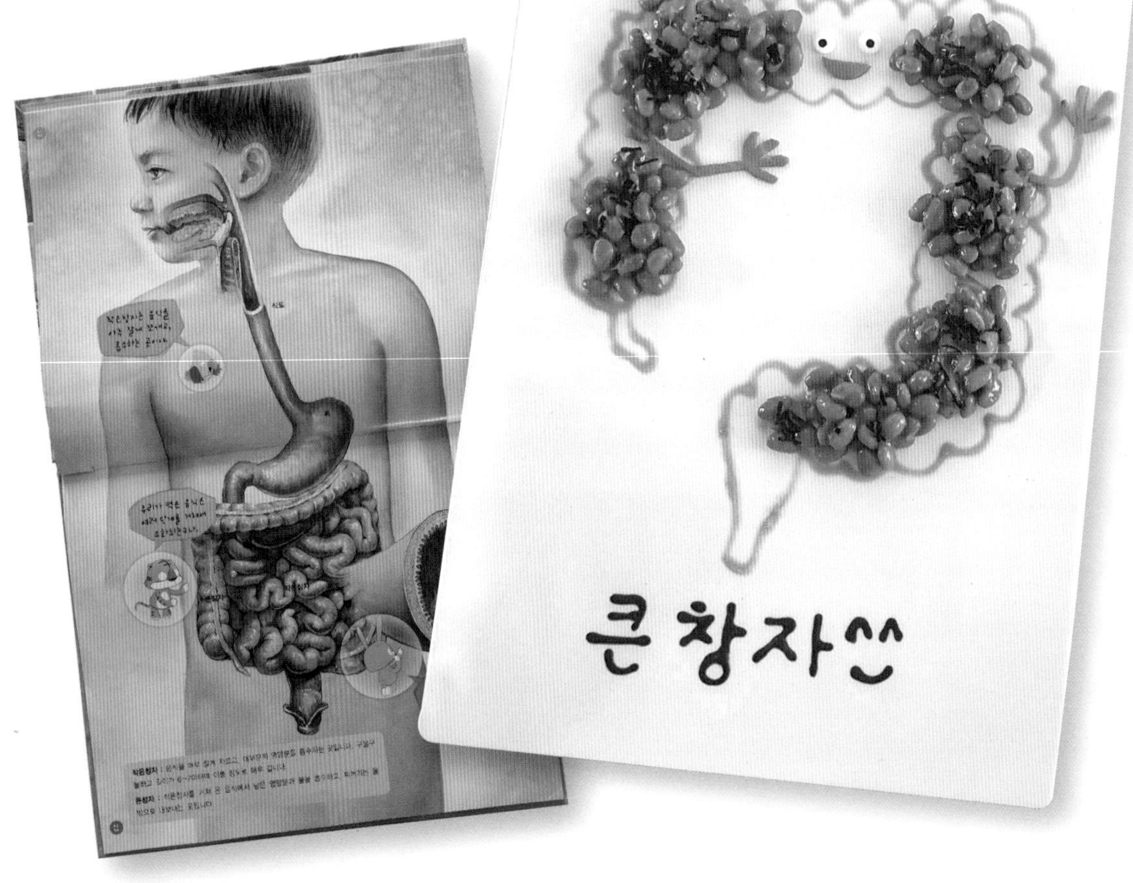

아이와 이렇게 함께하세요!

큰창자 낫토를 먹으면서 우리가 먹는 음식이 몸속을 어떻게 지나가는지 이야기 나누어 보세요.
식도, 위, 작은창자, 큰창자 등 음식물이 소화를 위해 거쳐가는 몸속 기관에 대해 하나하나 이야기를 나누며 몸에 대해 배우고 이해하도록 도와주세요.

재료

- 낫토
- 당근
- 눈알 사탕
- 핑크초코 펜
- 다크초코 펜
- 김가루

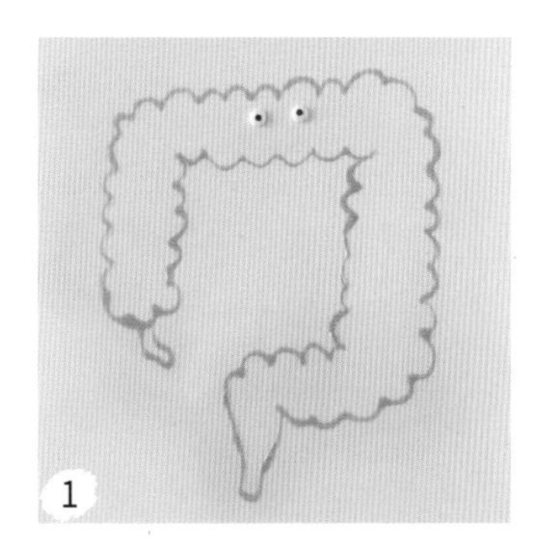

접시 위에 핑크초코 펜으로 큰창자 모양을 그린 다음, 눈알 사탕 2개를 큰창자 위쪽에 올려 주세요. 눈알 사탕이 없다면 치즈와 다크초코 펜을 활용해 눈을 만들어주어도 좋아요.

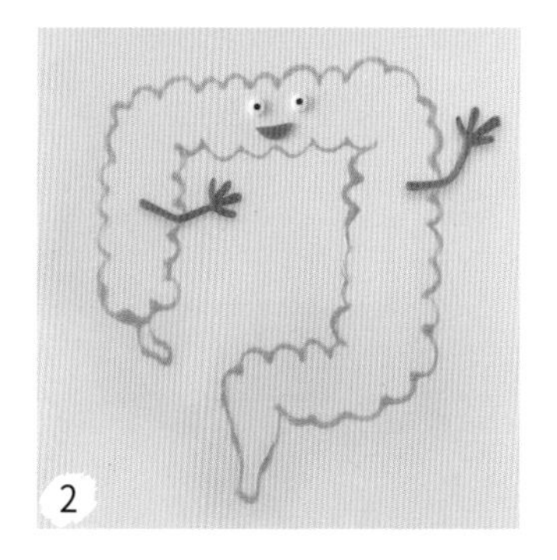

당근을 3mm 두께로 얇게 썰어, 반달 모양 입과 손을 2개 만들어 사진과 같이 놓아 주세요.

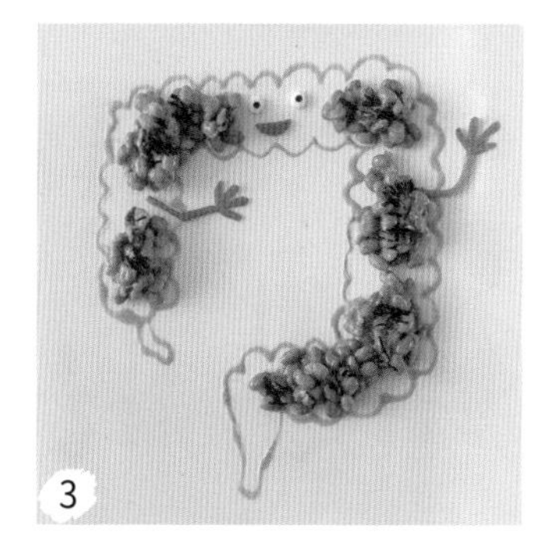

낫토를 간장소스에 비벼 간을 더한 다음, 큰창자 속에 채우고 김가루를 뿌려 주세요.

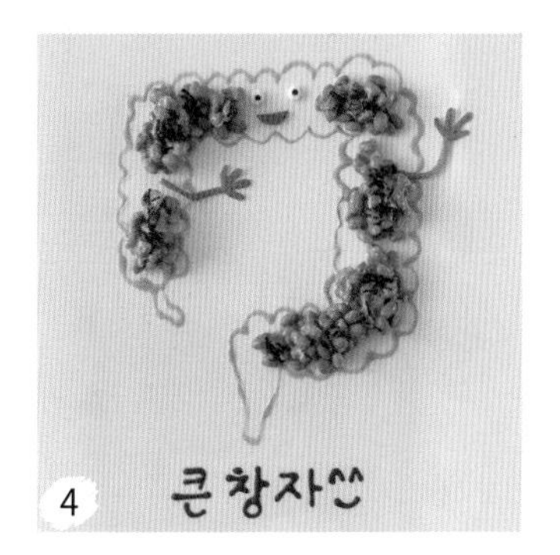

다크초코 펜으로 '큰창자'를 적어 주세요.

몸속 탐험 책을 보면서 아이와 큰창자의 역할에 대해서 이야기 나누어 보세요. 그리고 낫토의 영양소와 낫토가 몸속에서 하는 좋은 일들에 대해서도 이야기 나누어 보세요.

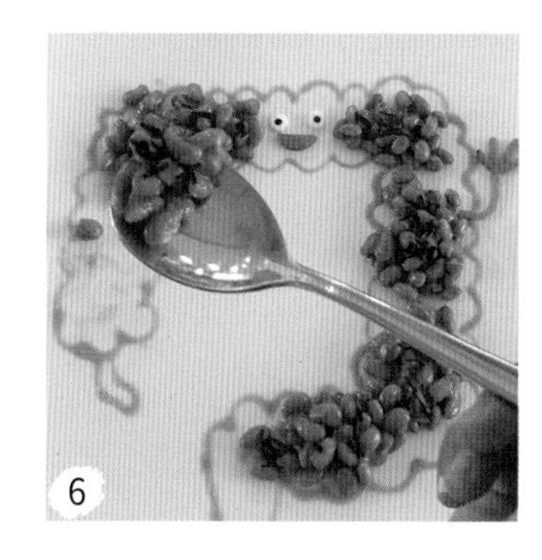

낫토를 먹으며 '낫토의 맛과 친해지는 시간'을 가져 보세요.

곤드레밥
꽃의 구조

햄은 꽃잎, 달걀지단은 수술,
오이는 암술과 꽃받침이 되어
아름다운 꽃 한 송이가 활짝 피어났어요.
곤드레밥에 소고기 볶음과
꽃 장식을 올려 꽃의 구조에 대해
배워볼 수 있는 에듀푸드 메뉴예요.
아이와 책에서 보았던 꽃의
각 부분에 대해 이야기 나누어 보고,
꽃잎, 수술, 암술, 꽃받침을 하나씩
먹어보면서 꽃의 구조에 대해
특별하게 기억해 보세요.

아이와 이렇게 함께하세요!

곤드레밥 위에 활짝 핀 꽃을 눈으로 보고 먹으면서 꽃의 구조에 대해 이야기 나누어 보세요.
꽃을 다 먹고 난 뒤, 강된장과 참기름을 넣고 쓱쓱 비벼 곤드레밥까지 먹어주면 재미있으면서 든든한 식사 시간이 완성됩니다.

* **꽃잎 :** 암술과 수술을 보호하고 아름다운 모양과 색깔로 곤충을 오게 해요.
* **수술 :** 꽃가루를 만들고 곤충이나 바람이 꽃가루를 암술로 옮겨서 씨앗을 만들어요.
* **암술 :** 수술로부터 꽃가루를 받아 씨앗을 만들어요.
* **꽃받침 :** 꽃잎 아래쪽을 받쳐서 꽃잎을 지탱해 주어요.

재료

- 곤드레밥
- 소고기 볶음
- 슬라이스햄
- 오이
- 달걀지단
- 통깨
- 마요네즈

소고기 볶음 양념

- 다진 소고기 200g
- 간장 2큰술
- 올리고당 2큰술
- 다진 마늘 약간
- 통깨, 참기름 약간
- 후춧가루 약간

도구

- 짤주머니

다진 소고기에 볶음 양념 재료를 넣고 잘 버무려 잠시 재운 다음 프라이팬에 볶아 소고기 볶음을 만들어 주세요. 곤드레밥을 접시에 담고, 소고기 볶음을 밥 위에 올려 주세요.

핑크색 슬라이스햄을 잘라 큰 꽃잎 3장, 얇은 꽃잎 2장을 만들고 곤드레밥 위에 올려 주세요.

오이를 잘라 암술 모양과 꽃받침을 만들고, 달걀지단은 작은 타원 모양으로 잘라 수술 모양을 만들어 주세요.

오이로 만든 암술과 꽃받침을 곤드레밥 위에 사진과 같이 올려 주세요.

달걀지단으로 만든 수술을 꽃잎 위에 올리고, 짤주머니에 마요네즈를 넣어
수술과 이어진 줄기를 그려 넣어 주세요.

씨방에 마요네즈를 바른 후 통깨 하나를 올려서 씨앗을 표현해 주세요.

7

곤드레밥 위에 꽃잎이 만들어진 모습을 아이와 함께 보며 꽃의 구조에 대해
찬찬히 관찰하도록 해주세요.

8

꽃의 구조에 대해 소개된 책을 골라 함께 읽으며 꽃의 각 부분이 하는 일에 대해
이야기 나누어 보세요.

식물의 한살이

쌀 쑥빵의 초록 색감과 폭신함은 나무를, 쌀 초코빵의 진한 갈색과 포슬포슬한 느낌은 흙을 닮았죠? 이번에는 쌀빵의 색감과 특징을 살려 식물의 한살이 간식을 만들어 보려고 해요. 아이가 직접 식물이 자라는 과정을 만들어 가면서 식물은 어떻게 자라는지 눈으로 보고 상상하게 해주세요.

아이와 이렇게 함께하세요!

'씨를 심는다 → 새싹이 자란다 → 잎과 줄기가 자라 나무가 된다 → 쑥쑥 자라서 큰 나무가 된다'
식물이 자라는 4단계의 과정을 간식으로 만들면서, "다음에는 식물이 어떤 모습으로 자라게 될까?"하고
아이가 직접 식물의 성장에 대해 생각해 볼 수 있도록 질문을 던져 보세요. 집에 식물 책이 있다면 함께 활용하면 더 좋아요.

재료

- 하얀 달걀 껍데기
- 쌀 초코빵
- 쌀 쑥빵
- 해바라기씨
- 오이
- 막대과자

도구

- 달걀 트레이

1 하얀 달걀 껍데기, 쌀 초코빵, 쌀 쑥빵, 해바라기씨, 오이, 막대과자를 준비하세요.

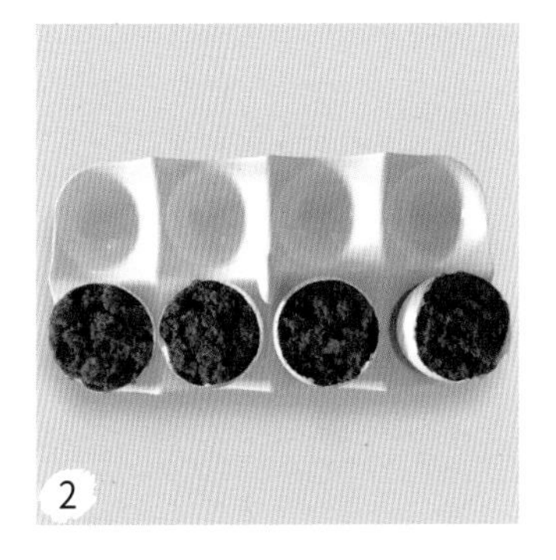

2 하얀 달걀 껍데기 4개를 깨끗하게 씻어서 물기가 없도록 잘 말린 다음 달걀 트레이에 나란히 담고 껍질 안에 쌀 초코빵을 가득 담아 주세요.

3 첫 번째 달걀 껍데기 위에 해바라기씨 2개를 올려 주세요.

4 오이로 새싹 모양을 만들어서 두 번째 달걀 껍데기에 꽂아 주세요.

5 쌀 쑥빵을 동그란 모양과 타원 모양으로 뜯어, 막대과자에 꽂아 작은 나무와 큰 나무를 만들어 주세요. 작은 나무는 세 번째 달걀 껍데기 속에, 큰 나무는 네 번째 달걀 껍데기 속에 꽂아 주세요.

6 완성된 식물의 한실이를 보며 식물의 성장에 대해 이야기 나누고, 마음에 드는 달걀 화분을 골라 맛있는 간식 시간도 즐겨 보세요.

쌍떡잎식물 도토리묵과 부추전

도토리묵과 부추전! 듣기만 해도 입맛이 돋는 환상의 콤비 메뉴로 쌍떡잎식물을 만들어 보세요. 도토리묵은 흙이 되고, 부추전은 잎이 되고, 팽이버섯은 뿌리가 되어 접시 위에 파릇파릇 자라나게 만들면 근사한 한 끼 반찬이 된답니다. 쌍떡잎식물과 외떡잎식물의 특징을 먹으면서 배워 보아요.

아이와 이렇게 함께하세요!

도토리묵과 부추전을 먹으면서 식물의 특징에 대해서 이야기 나누어 보세요. 떡잎이 2장 나오면 쌍떡잎식물, 떡잎이 1장 나오면 외떡잎식물이라는 것, 쌍떡잎식물은 원뿌리에서 곁뿌리가 나고, 외떡잎식물은 수염뿌리가 나는 등 뿌리의 특징도 함께 이야기해 주면 좋아요.

재료

- 영양부추 150g
- 오징어 1마리
- 부침가루 1컵
- 튀김가루 1컵
- 소금, 후춧가루, 식용유
- 팽이버섯
- 마요네즈
- 머스터드소스

도토리묵 양념장

- 간장 2큰술
- 올리고당 1/2큰술
- 다진 마늘 1/2큰술
- 참기름 1큰술
- 통깨 1/2큰술
- 당근, 영양부추 약간

도구

- 짤주머니
- 가위 또는 과도

1

영양부추를 씻어서 4cm 크기로 자르고, 오징어도 먹기 좋은 크기로 잘라 주세요. 유리 볼에 손질한 영양부추와 오징어를 넣고 부침가루, 튀김가루를 1:1 비율로 넣고 적당량의 물을 넣어 섞은 다음 소금, 후춧가루로 간을 하세요.

2

프라이팬에 식용유를 두르고 지름 15cm 정도의 크기로 부추전 2장을 구워 주세요.

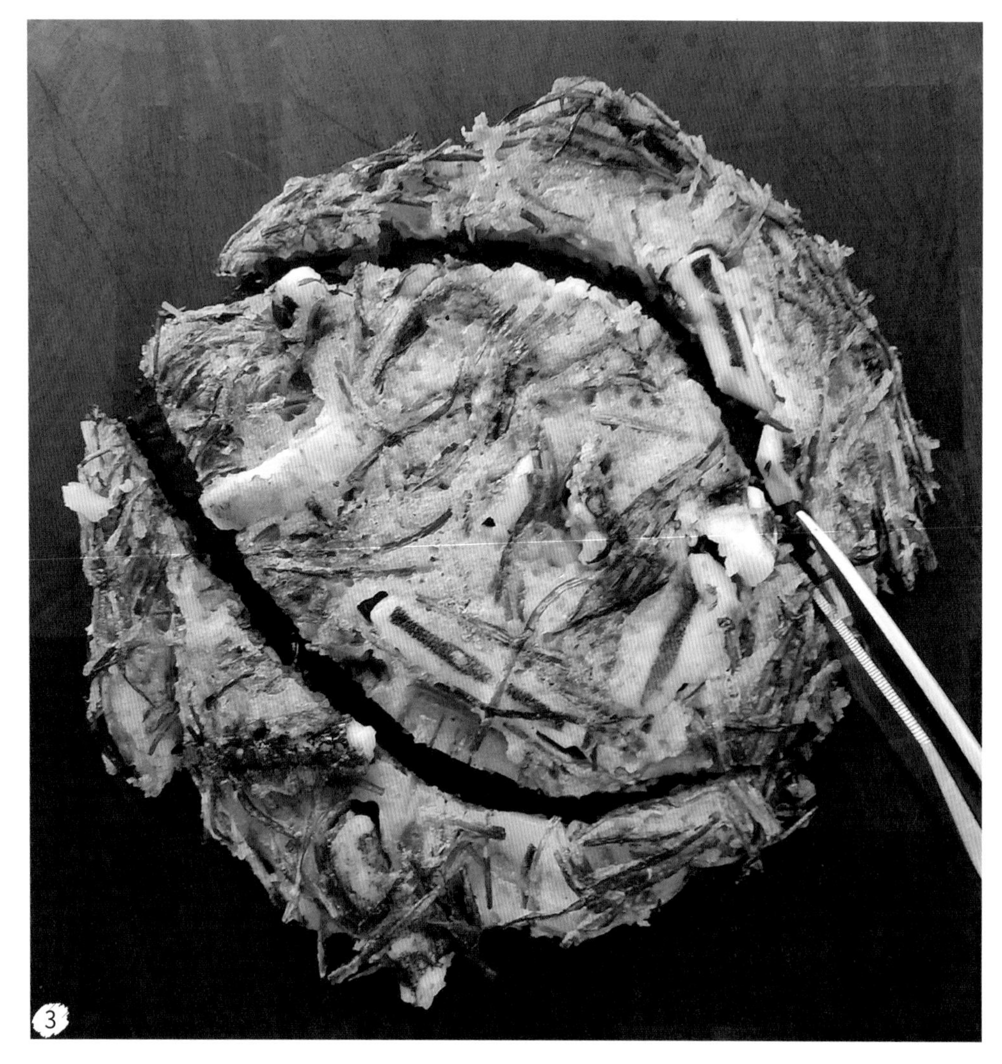

가위를 사용해 부추전을 잎 모양으로 잘라 주세요.

도토리묵은 가로 4cm, 세로 2cm 크기로 자르고,
화분 모양으로 쌓아서 접시에 담아 주세요.

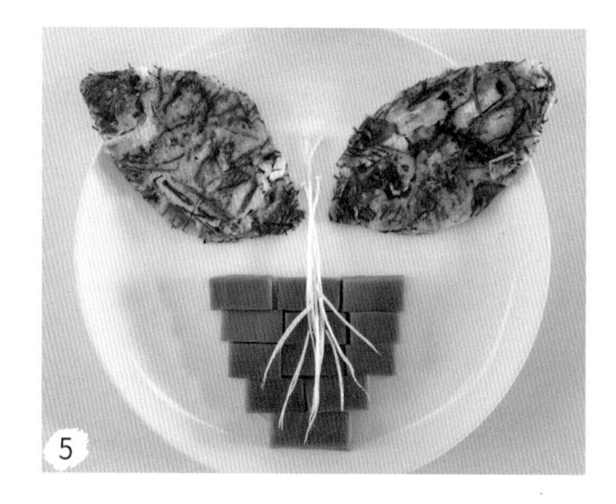

도토리묵 위에 잎 모양으로 자른 부추전 2개를 올리고,
가운데에 팽이버섯으로 뿌리를 꾸며 주세요.

도토리묵 위에 양념장을 흙처럼 뿌려 주세요.

머스터드소스를 짤주머니에 넣어 접시 위에
쌍떡잎식물 글자를 적고, 마요네즈를 짤주머니에 넣어
부추 위에 잎맥을 표현하세요.

책에 나오는 쌍떡잎식물의 특징에 대해 이야기 나누며 맛있게 먹으면 '에듀푸드 먹는 과학' 시간이 완성됩니다.

사슴벌레와 장수풍뎅이

사슴벌레와 장수풍뎅이는 아이들에게 신비하면서도 가장 친근한 곤충 중 하나예요. 비슷한듯하지만 자세히 보면 차이점도 많은 곤충이라서 간식으로 만들어 관찰하는 시간을 가져보면 아이들의 호기심이 재미있게 해소될 수 있을 거예요. 고소한 깨소금으로 서식지 톱밥을, 오레오 과자로 사슴벌레와 장수풍뎅이를, 스파게티 면으로 다리를 꾸며주면 세상 가장 달콤하고 고소한 곤충 사파리가 완성된답니다.

아이와 이렇게 함께하세요!

아이와 함께 사슴벌레와 장수풍뎅이의 차이점과 공통점에 대해 이야기 나누는 시간을 가져 보세요.

재료

- 통깨
- 오레오 과자
- 구운 스파게티 면

1

곱게 빻은 통깨를 접시 위에 톱밥처럼 깔아 주세요.

2

오레오 과자 속 크림은 모두 제거하고 과자 부분만 남도록 준비해 주세요.

3

칼을 이용해 오레오 과자를 잘라 사슴벌레 형태를 만들어 주세요. 이때 몸통은 3개, 뿔은 2개로 나누어 주세요.

4

칼을 이용해 오레오 과자를 잘라 장수풍뎅이 형태를 만들어 주세요. 이때 몸통은 2개로 나누어 주세요.

5

통깨 톱밥 위에 오레오 과자로 만든 사슴벌레와 장수풍뎅이를 올려 주세요.

6

스파게티 면을 에어프라이어에 넣어 180°C에서 15분 정도 구운 다음,
사슴벌레 모양 옆에 3마디씩 6개의 다리를 붙여 주세요.

구운 스파게티 면을 잘라 장수풍뎅이 모양 옆에 3마디씩 6개의 다리를 붙이고,
뿔도 만들어 붙여 주세요.

책에 나온 사슴벌레, 장수풍뎅이와 비교하며 각각의 특징에 대해 이야기 나누어 보세요.

닭의 한살이

단백질 가득! 영양만점!
삶은 메추리알과 달걀로
닭의 한살이를 만들어 볼까요?
메추리알로 귀여운 병아리를
만들고, 달걀로 닭을
만들어서 접시 위를 꾸미면
닭의 한살이를 쉽게 이해할 수
있답니다. 알에 빠지직
금이 가면 병아리가 태어나고,
먹이를 먹고 쑥쑥 자라
꼬꼬댁 닭이 되는 한 생명의
성장 과정을 에듀푸드와 함께
재미있게 배워 보세요.

아이와 이렇게 함께하세요!

닭의 한살이 간식을 먹으면서 알에서 닭이 되는 과정을 아이와 함께 이야기 나누어 보세요.

<알에서 닭이 되기까지의 과정>

① 알: 단단한 껍데기에 싸여 있다. ② 부화: 어미 닭이 품은 지 21일 후 병아리는 부리로 껍데기를 깨고 나온다.
③ 병아리(1일): 어린 병아리는 솜털로 덮여 있다. ④ 어린 닭(30일): 솜털이 깃털로 바뀐다. ⑤ 다 자란 닭(6개월): 수탉은 암탉에 비해 볏과 꽁지깃이 길고 화려하며, 암탉은 알을 낳을 수 있다.

재료

- 메추리알
- 달걀
- 소금
- 식초
- 오이
- 당근
- 파프리카
- 카레가루
- 검은깨
- 다크초코 펜
- 화이트초코 펜

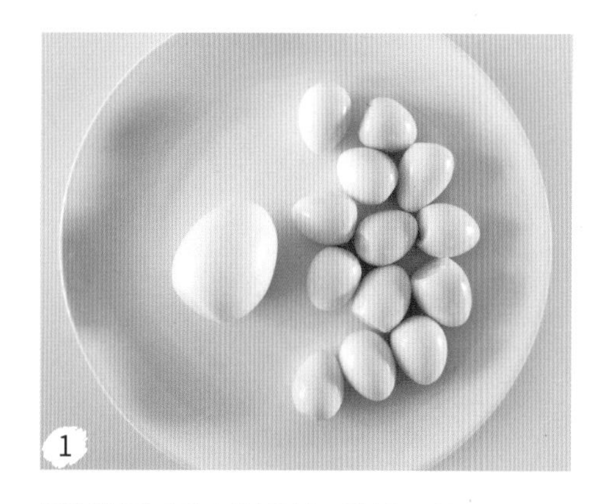

물에 약간의 소금과 식초를 넣고 달걀은 15분, 메추리알은 5분 동안 삶은 다음 찬물에 담가 식히고 껍질을 벗겨요.

오이를 얇게 어슷썰기 한 다음 채를 썰어 접시 위에 둥지 모양으로 올리고, 그 위에 메추리알 3개를 올려 주세요.

메추리알 중앙에 지그재그 모양으로 칼집을 낸 메추리알 2개, 껍질을 깨고 나온 듯 흰자가 분리된 메추리알 1개를 접시 위에 올려 주세요.

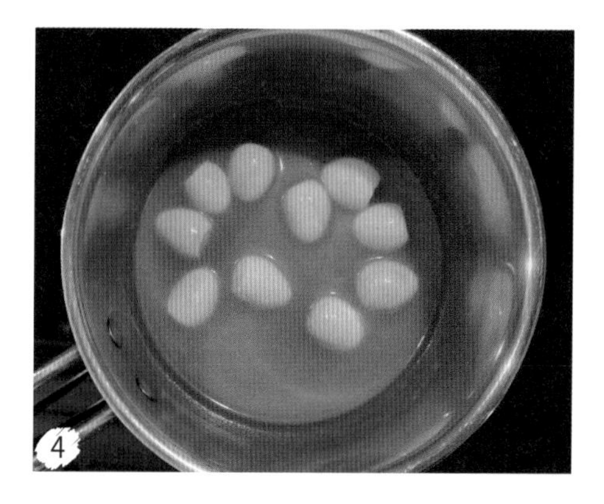

카레가루를 푼 물에 메추리알을 넣고 5분 정도 삶아 노란색 물이 들게 해주세요. 카레 물 농도가 진할수록 노란색이 진하게 나오니 원하는 색상에 맞추어 농도를 조절해 주세요.

당근을 얇게 썬 다음 병아리 부리 모양과 벼슬 모양으로 잘라 주세요.

메추리알에 칼집을 내어 당근으로 만든 벼슬과 부리를 사진과 같이 꽂아 주세요.

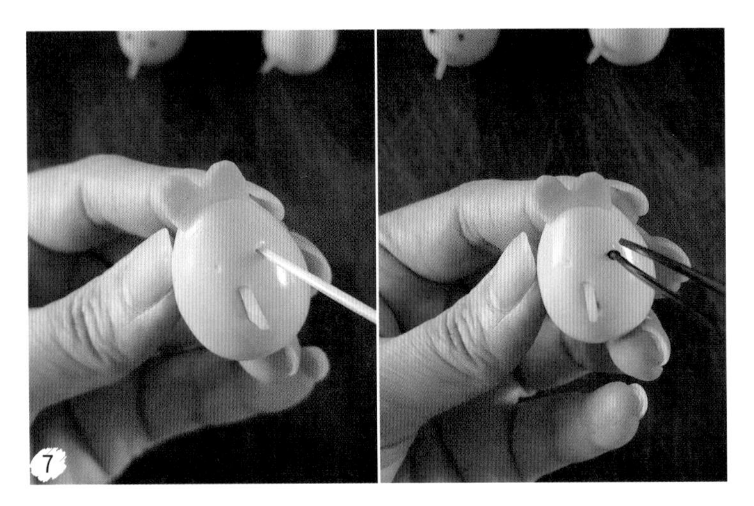

병아리 눈 부분을 이쑤시개로 콕 찔러 홈을 만든 다음 검은깨를 꽂아 눈을 완성해 주세요.

완성된 노란 병아리 3마리를 접시 위에 올려 주세요.

당근을 얇게 잘라 닭의 부리를 만들고, 파프리카를 얇게 잘라 닭의 볏과 꼬리를 만들어 주세요.

달걀에 칼집을 낸 다음 ⑨의 부리, 볏, 꼬리를 사진과 같이 꽂아 주세요. 이때 다크초코 펜으로는 눈을, 화이트초코 펜으로는 눈동자를 찍어 접시 위에 올려 주세요.

오이를 1cm 두께의 직사각 모양으로 자른 다음, 칼로 지그재그 모양으로 잘라 풀 모양을 만들어 주세요.

접시 위에 오이로 만든 풀을 올려 꾸며 주면 닭의 한살이가 완성됩니다.

먹는 상식

어느새 상식이
아이들의 머릿속으로
쏙~

속뜻을 기억해야 하는 속담, 복잡하고 어려운 모양의 한자,
낯선 이름의 문화유산을 맛있는 밥과 간식을 통해 재미있게 배워보는 시간이에요.
외우고 익히려 애쓰지 않아도
에듀푸드를 먹고 즐기다 보면 머릿속에 자연스레 기억되는
마법과도 같은 에듀푸드 테마랍니다.

유부초밥 영어 단어

채소와 고기를 고루 넣고 맛있는 유부초밥을 만들어 알파벳 모양으로 올려 주면 맛있게 영어 단어를 익힐 수 있는 기회가 열린답니다. 알파벳, 영어 단어를 책이나 영상을 통해서만 배우는 게 아닌, 아이가 좋아하는 음식을 통해서 경험하고 배울 수 있다는 걸 알면 아이가 평소 가지고 있던 '영어'에 대한 부담과 거리감을 줄일 수 있어요. 가로로 긴 접시 위에 유부초밥을 올려 여러 가지 영어 단어를 만들어 보세요. 눈으로 한 번, 먹으면서 한 번. 그렇게 마주한 영어 단어는 쉽게, 그리고 오래 머릿속에 기억될 거예요.

아이와 이렇게 함께하세요!

유부초밥으로 영어 단어를 만들 때 디지털 숫자 형태를 떠올리면 만들기가 훨씬 쉬워져요. 엄마가 직접 만든 유부초밥 영어 단어를 보며 단어의 발음과 의미를 알려주세요. 엄마, 아빠의 목소리로 듣는 영어 단어는 아이들 머릿속에 더 오래 기억될 거예요. 'FAT' 'HAT' 'CAT'와 같이 소리와 철자가 비슷한 단어를 모아 파닉스 놀이를 해도 재미있답니다. 일회용 장갑을 끼고 아이가 직접 변형해서 영어 단어를 만들어 보는 것도 좋아요.

재료

- 시판용 양념 유부 20장
- 밥
- 소고기 볶음
- 다진 양파
- 다진 당근
- 다진 호박
- 유부초밥 소스와 채소 볶음 플레이크

소고기 볶음 양념

- 다진 소고기 200g
- 간장 2큰술
- 올리고당 2큰술
- 다진 마늘 약간
- 통깨, 참기름 약간
- 후춧가루 약간

당근, 양파, 호박을 잘게 썰어 주세요.

다진 소고기에 양념 재료를 넣고 잘 버무려 잠시 재운 다음 프라이팬에 볶아 그릇에 덜어 주세요.

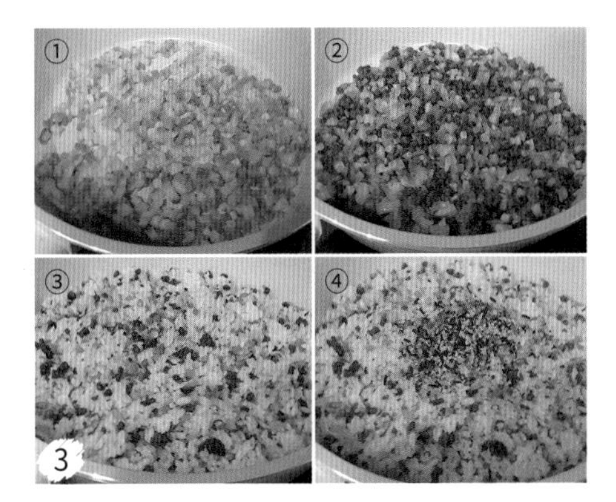

프라이팬에 식용유를 두르고 다진 당근, 양파, 호박을 넣고 볶다가, 소고기 볶음을 넣고 한 번 더 볶아 주세요. 채소가 어느 정도 익으면 밥을 넣고 고루 볶은 다음 가스불을 끄고 시판용 양념 유부에 들어 있는 유부초밥 소스와 채소 볶음 플레이크를 넣고 잘 섞어 주세요.

유부는 물기를 빼고, 볶음밥은 볼에 담아 한김 식혀 주세요.

볶음밥을 유부 속에 넣어 속을 채워 주세요.

완성된 유부초밥을 접시에 담아 주세요.

길쭉한 사각 접시 위에 유부초밥을 하나씩 올려서
EAT 영어 단어 모양을 만들어 보세요.

FAT 영어 단어 모양을 만들어 보세요.

HAT 영어 단어 모양을 만들어 보세요.
맨 앞에 알파벳만 변형시켜 소리와 철자가 비슷한 단어로 변신시켜 보는 것도 좋아요.

CAT 영어 단어 모양을 만들어 보세요.

마지막으로 LIKE 영어 단어 모양을 만들어 보세요.
아이가 영어를 좋아하게 되는 시간이 완성될 거예요.

사과 한글 놀이

아이가 한글을 직접 읽고 쓰는데
관심을 가지기 시작했다면
사과 한글 놀이를 준비해 보세요.
사과를 얇게 잘라 자음 모양을
만들어 접시에 담아주면
시각적 인지를 통해 한글을
더욱 재미있고 색다르게
익힐 수 있답니다.
아이가 자음을 인지했다면
모음도 같이 조합해서
단어를 만들어 보아도 좋아요.

아이와 이렇게 함께하세요!

아이가 사과를 집으면 엄마는 아이가 고른 자음의 소리를 들려 주세요. 만약 아이가 'ㅁ' 모양을 집었다면,
"엄마는 'ㅁ' 모양 사과를 집었네. 그건 네모 모양이랑 비슷하게 생긴 '미음'이야. 엄마라는 글자에도 'ㅁ'이 2개나 들어있어"와 같이 말이죠.

재료

- 사과 2개

도구

- 가위 또는 과도

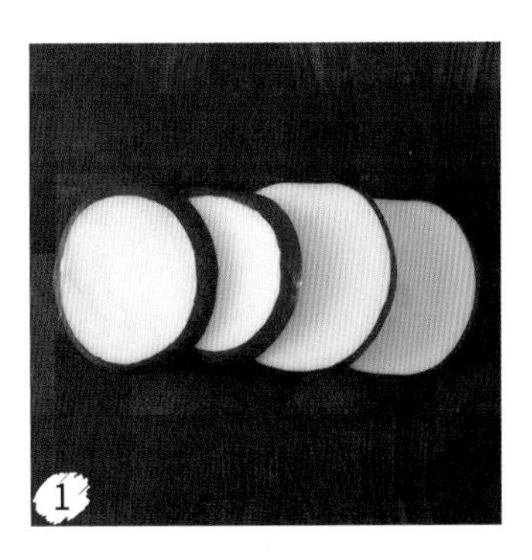

깨끗하게 씻은 사과를 1cm 두께로 잘라 주세요.

과도를 이용해 자음 모양을 잘라 주세요. 칼 사용이 익숙하지 않다면 가위를 활용해도 좋아요. 단, 가위로 만들 때는 사과 두께를 조금 더 얇게 잘라 주는 게 사용이 쉽답니다.

얇게 자른 사과의 여백을 잘 활용해서 나머지 자음들도 똑같이 잘라 주세요.

자음 순서대로 접시 위에 예쁘게 담아 주세요.

포크로 하나씩 집어 한글 자음을 먹으며 자음의 소리를 듣고 아이가 소리를 따라 내도록 도와주세요.

모음 모양도 잘라 조합해 단어를 만들어 먹으며 단어의 구성에 대해서도 함께 배워보는 것도 좋아요.

김치전

나눌 分(분)

김치를 잘 먹는 아이에게도, 아직은 김치가 어려운 아이에게도 좋은 간식, 김치전을 소개합니다. 바삭바삭 재미있는 식감의 미니 김치전을 구워서 6조각으로 나누어 김치는 물론 한자 '나눌 分(분)'과 친해지는 시간이에요. 오이를 칼로 잘라 나눌 분 한자의 모양을 만들고, 머스터드소스로 '나눌 분' 글자를 써 주면 재미있는 한자사전이 완성됩니다. 김치전도 먹고 한자와도 친해지는 일석이조의 즐거운 간식 시간을 가져 보세요.

아이와 이렇게 함께하세요!

김치전을 먹으며 한자의 '음과 뜻'을 이야기해 주며, 아이가 한자와 친해질 수 있도록 도와주세요.
접시 위에 놓인 한자는 시각적 효과를 넘어 미각을 통해 아이의 기억 속에 오래 저장된답니다.

재료

- 묵은지 250g
- 부침가루 1컵
- 튀김가루 1컵
- 물 1컵
- 황설탕 1큰술
- 소금 약간
- 식용유 약간
- 오이
- 머스터드소스

도구

- 짤주머니
- 요리용 핀셋

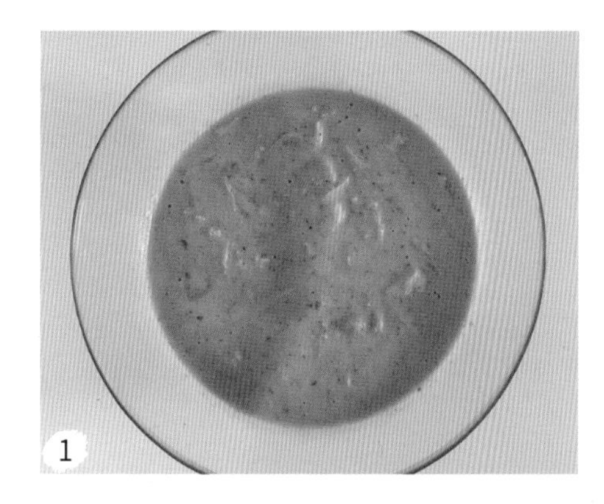

볼에 묵은지를 잘게 썰어 담고, 부침가루와 튀김가루를 넣고 물을 부어 잘 섞은 다음 황설탕과 소금으로 간을 더해 주세요.

프라이팬에 식용유를 두르고 센 불로 뜨겁게 달군 다음, 반죽을 작은 동그라미 모양으로 얇게 펴 올려 중불에서 익혀 주세요.

구운 김치전을 6조각으로 나누어 잘라 접시에 동그랗게 담은 다음, 오이를 칼로 잘라 나눈 分(분) 한자의 획 모양에 따라 배치시켜 주세요.

머스터드소스를 짤주머니에 넣고 '나눌 분' 글자를 접시 위에 적어 주세요.

날 生(생)

바쁜 아침, 아이들 건강 아침 메뉴로 시리얼과 삶은 달걀을 준비하다가 문득 떠오른 '한자 날 生(생)' 에듀푸드 메뉴입니다. '태어나다, 살아있다, 신선하다'를 뜻하는 날 生(생)과 달걀을 활용해 만든 병아리 탄생의 모습은 서로 너무 잘 어울리는 이미지인 것 같아요. 삶은 달걀 병아리와 당근으로 만든 날 生(생) 한자가 자연스럽게 이미지로 기억되면서 아이는 재미있게 한자를 배울 수 있게 된답니다.

아이와 이렇게 함께하세요!

아이와 삶은 달걀을 먹기 전에 '날 生(생)'의 의미를 들려주세요. "알 속에서 병아리가 달걀 껍데기를 콕콕 깨기 시작하더니 삐약삐약 병아리가 태어났어. 태어난다는 의미를 가진 한자가 바로 날 生(생)이란다"라고 말이죠.

재료

- 삶은 달걀 4개
- 당근
- 시리얼
- 다크초코 펜
- 화이트초코 펜

도구

- 가위 또는 과도

접시 한쪽에 시리얼을 깔아서 지푸라기 느낌을 살려 주세요.

달걀을 삶아 껍질을 깨끗하게 까고, 끝이 뾰족한 과도를 사용해 달걀 중간에 지그재그로 칼집을 내 주세요.

달걀 노른자가 깨지지 않도록 달걀 흰자를 분리해 주세요.

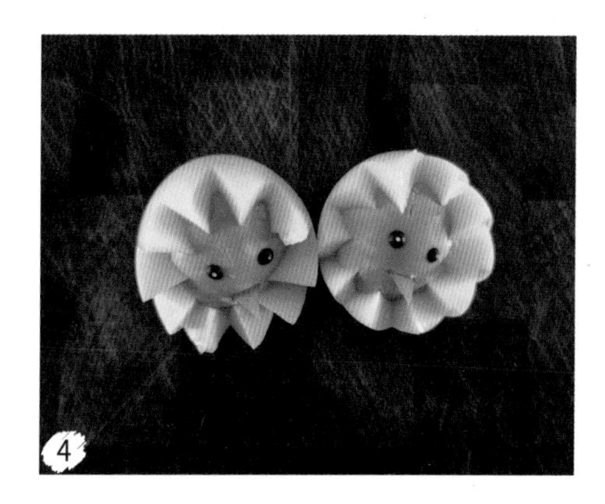

다크초코 펜으로 달걀 노른자에 눈을 그리고, 화이트초코 펜으로는 눈동자를 그려 주세요. 그다음 당근을 얇게 잘라 병아리 부리를 만들어서 꽂아 주세요.

삶은 달걀 껍데기를 한쪽 부분만 살짝 깐 다음, 얇고 뾰족하게 자른 당근을 꽂아
병아리가 알을 깨고 나오는 듯한 모습을 만들어 주세요.

삶은 달걀 병아리와 껍질을 살짝 뚫고 나온 달걀을 사진과 같이 올려 주세요.

당근을 3mm 두께로 얇게 썬 다음, 끝이 뾰족한 과도를 사용해서
날 生(생) 한자의 획수 모양으로 얇게 잘라 한자를 완성해 주세요.

접시 한쪽에 날 生(생) 한자를 올려 주면 끝!

해 日(일), 달 月(월), 불 火(화), 나무 木(목)

아이들이 좋아하는 과자와 과일, 채소를 활용해서 '배우기 쉬운 한자 간식'을 만들어 보세요. 에듀푸드표 한자 레시피의 핵심 포인트는 한자의 의미와 닮은 재료를 찾아 연관성 있는 이미지를 만드는 것! 접시 위의 한자를 보며 아이는 시각적 인지는 물론 미각 등 다양한 자극을 통해 한자를 배우게 된답니다.

오렌지 → 해 **日**(일)
둥근 모양 과자 → 달 **月**(월)
길쭉 모양 과자 + 사과 → 불 **火**(화)
오이 → 나무 **木**(목)

아이와 이렇게 함께하세요!

당근으로 한자를 만들 때는 한자 카드를 보고 자르거나, 인터넷에서 한자를 찾아 출력해서 자르면 더욱 만들기 쉽답니다.
끝이 뾰족한 과도를 사용하면 정교한 한자 모양을 쉽게 만들 수 있고, 칼 사용이 익숙하지 않다면 가위를 사용하는 것이 좋습니다.

재료

- 당근
- 오이
- 사과
- 오렌지
- 길쭉 모양 과자
- 둥근 모양 과자

도구

- 가위 또는 과도

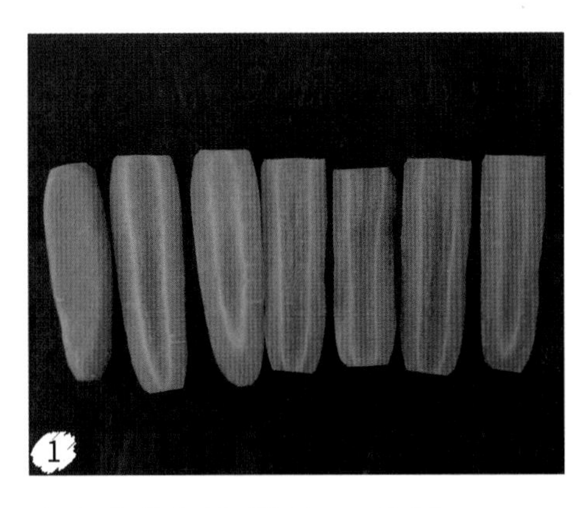

당근은 깨끗하게 씻은 다음, 약 3mm 두께로
사진과 같이 얇게 썰어 주세요.

끝이 뾰족한 과도를 활용해 해 日(일) 한자를
획수 모양으로 나누어 잘라 주세요.

이어서 달 月(월) 한자를 획수 모양으로 나누어
잘라 주세요.

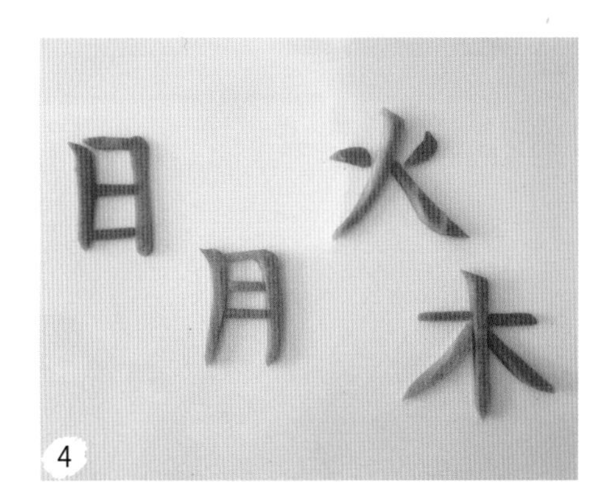

불 火(화), 나무 木(목) 한자도 획수 모양으로 잘라 주세요.

오렌지와 오렌지 껍질을 잘라 그림과 같이 해의 모양을 만들어 올리고,
그 옆에 해 日(일) 한자를 올려 주세요.

둥근 모양의 과자를 한입 베어서 초승달 모양으로 만든 다음 접시에 올리고,
그 옆에 달 月(월) 한자를 배치해 주세요.

사과는 껍질째 불 모양으로 잘라 길쭉한 모양 과자와 함께 사진과 같이 꾸미고,
그 옆에 불 火(화) 한자를 올려 주세요.

오이를 그림과 같이 나무 기둥과 잎 모양으로 잘라 접시 위에 올리고,
그 옆에 나무 木(목) 한자를 놓아 에듀푸드를 완성해 주세요.

바늘 가는데 실 간다

책으로 알아가기에는 딱딱하고
의미도 어려운 우리나라 속담이지만
핵심적인 의미를 간식으로 만들어서
아이가 먹어 본다면 재미있게
속담을 익힐 수 있어요.
망고, 오이, 플레인 요거트, 초코
펜으로 심플하게 만든 속담 간식!
속담의 의미도 알고 간식도 맛있게
먹는 시간을 가져 보세요.

아이와 이렇게 함께하세요!

속담의 의미와 비슷한 생활 속의 이야기를 아이와 같이 나누면 속담을 이해하는 데 도움이 됩니다.
“엄마랑 우리 딸은 너무 사랑해서 떨어질 수가 없네. 우리는 바늘과 실처럼 떨어질 수 없는 사이”와 같은 대화들 말이죠.

재료

- 망고
- 오이
- 플레인 요거트
- 다크초코 펜

도구

- 가위 또는 과도
- 짤주머니

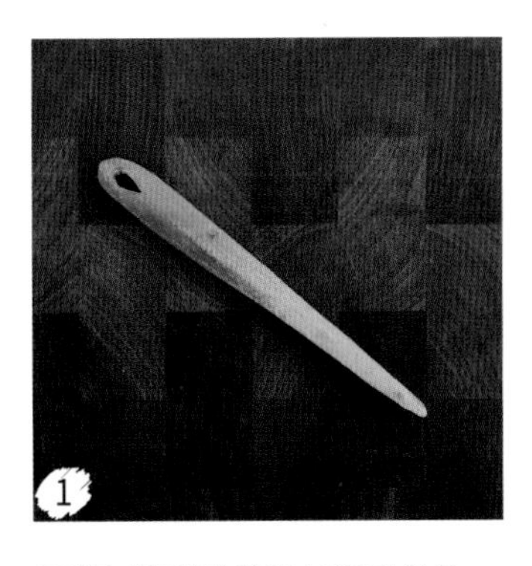

오이를 깨끗하게 씻어서 사진과 같이 바늘 모양으로 잘라 주세요.
가위를 사용하면 더 안전하고 편하게 모양을 낼 수 있어요.

망고는 껍질을 벗겨 손질한 다음, 평행사변형 모양으로 2개를 잘라 준비해 주세요.

접시 위에 오이로 만든 바늘을 올려 주세요.

준비해 둔 평행사변형 모양의 망고를 사진과 같이 올려 주세요.

짤주머니에 떠먹는 플레인 요거트를 넣어 실타래 모양을 연출해 주세요.

플레인 요거트로 실타래와 바늘이 이어진 것처럼 실을 추가로 그리고, 다크초코 펜으로 '바늘 가는데 실 간다'를 적어 완성해 주세요.

고래 싸움에 새우 등 터진다

새우볶음밥과 새우구이로 속담의 의미를 한눈에 느끼고 배울 수 있도록 도와주는 속담 밥을 소개합니다. 책으로 배우면 지루하고 딱딱한 우리나라 속담도 에듀푸드를 통해 경험하면 더욱 재미있고, 오래도록 기억에 남게 된답니다.

아이와 이렇게 함께하세요!

'고래 싸움에 새우등 터진다'는 고래처럼 힘센 사람끼리 싸우는 바람에 공연히 상관없는 사람이 피해를 볼 때 사용하는 속담입니다. 생각 없이 한 나의 행동으로 다른 사람이 곤란한 상황을 겪을 수 있으니 항상 조심하고, 깊게 생각한 다음 행동하는 게 좋다는 의미를 담고 있지요. 아이들과 함께 속담과 비슷한 경험을 한 적이 있는지 이야기 나누어 보는 것도 좋아요.

재료

- 밥
- 새우
- 양파
- 당근
- 호박
- 슬라이스치즈
- 케첩
- 마요네즈
- 머스터드소스
- 김
- 소금, 후춧가루

도구

- 짤주머니

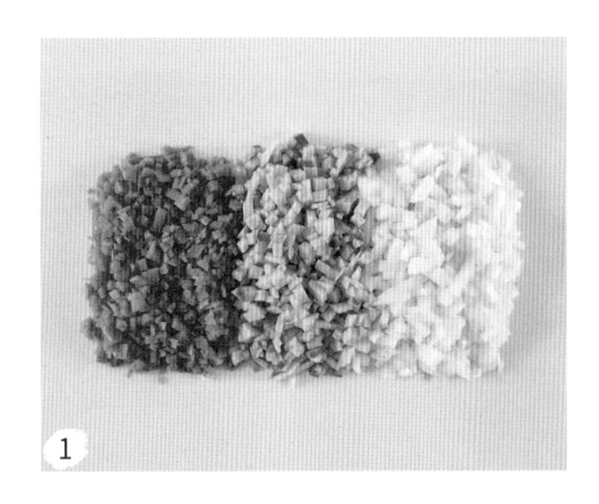

당근, 호박, 양파는 잘게 다져 주세요.

새우는 해동 후 깨끗하게 씻어서 물기를 제거하고 잘게 썰어 주세요.

식용유를 두른 프라이팬에 다진 당근, 호박, 양파를 넣고 볶다가 새우를 넣고 고루 익을 때까지 볶아 주세요. 새우가 다 익으면 밥을 넣고 골고루 섞어가며 볶고 소금, 후춧가루를 넣어 간을 더해 주세요.

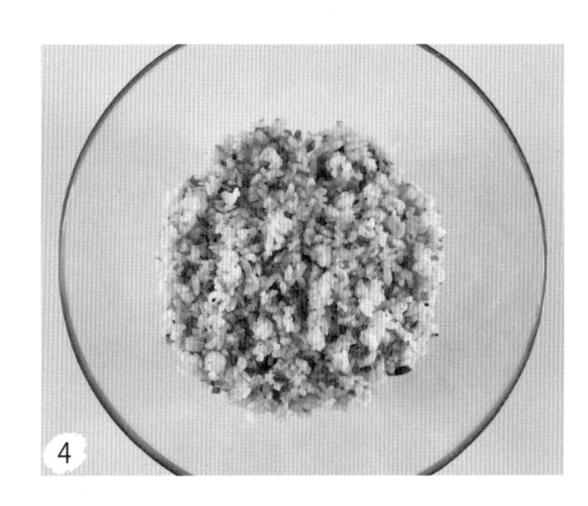

만들어진 새우볶음밥은 볼에 담아서 한김 식혀 주세요.

5

새우볶음밥은 고래 모양으로 뭉쳐서 고래가 서로 마주 보도록 접시 위에 올려 주세요.

6

슬라이스치즈를 잘라 고래 입과 눈 모양을 만들어 주먹밥 위에 올리고,
당근을 세모 모양으로 잘라 뾰족한 고래 이빨 모양을 더해 주세요.

7

김을 사진과 같이 잘라 눈 모양의 치즈 위에 올려 주세요.

8

짤주머니에 마요네즈를 넣어 고래가 숨구멍으로 물을 뿜는 모습을 그려 주세요.

새우 한 마리를 통째로 구워 주먹밥 사이에 올려 주세요.

짤주머니에 케첩을 넣고 고래와 새우 사이에 물이 튀는 모습을 그려 주세요.

짤주머니에 머스터드소스를 넣어 접시 아래쪽 빈 공간에 물결무늬를 그려 주세요.

마요네즈를 넣은 짤주머니를 사용해, 접시 빈 공간에 '고래 싸움에 새우등 터진다' 속담을 적으면 완성!

말이 씨가 된다

에듀푸드와 함께라면 속담도
더 재미있게 익힐 수 있어요.
사과와 미니 마시멜로,
땅콩잼으로 사람 입 모양을
만들고, 해바라기씨를 솔솔
뿌려주면 속담 '말이 씨가
된다'가 완성됩니다. 눈으로
즐기고, 맛으로 한 번 더 즐기면서
재미있는 속담 간식 시간을
가져 보세요.

아이와 이렇게 함께하세요!

아이와 간식을 함께 먹으면서 '말이 씨가 된다' 속담에 담긴 의미를 알려 주세요. "너는 참 괜찮은 아이야", "엄마는 행복해!" 등의 긍정적인 말을 하면 그 말이 씨앗이 되어 정말로 행복해진다는 걸 알려주고 좋은 말, 긍정적인 말을 많이 하도록 해주세요.

재료

- 사과
- 미니 마시멜로
- 땅콩잼
- 해바라기씨
- 화이트초코 펜

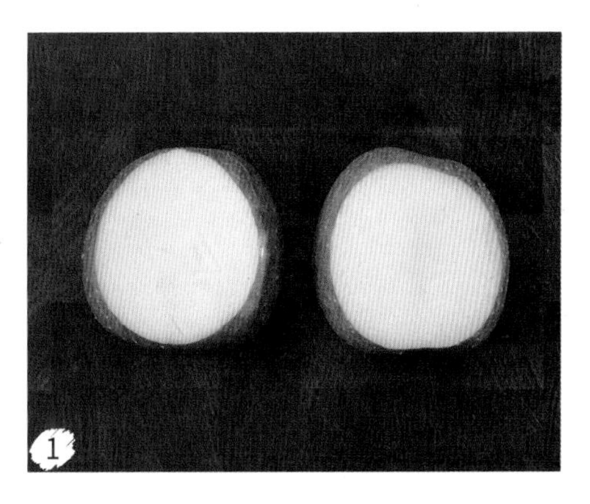

사과는 깨끗이 씻어 씨가 없도록 두께 2cm 정도로 잘라 2조각을 준비해 주세요.

준비된 조각은 반으로 잘라서 모두 4개의 조각이 나오도록 해주세요.

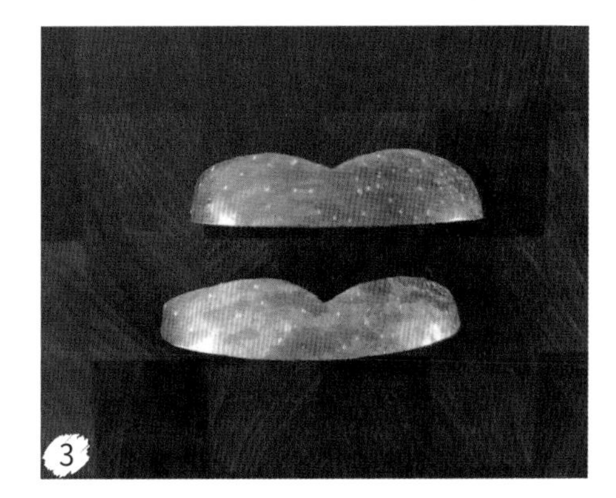

②의 사과 조각 중 2개를 사용하여, 껍질이 있는 면을 입술 모양으로 잘라 주세요.

입술 모양으로 자른 사과를 나머지 사과 조각 위에 각각 올려서 사람 입 모양을 만들어 주세요.

사과 안쪽 면에 땅콩잼을 고루 발라 주세요.

땅콩잼을 바른 사과 위에 미니 마시멜로를 가지런히 배치해 치아를 연출하고
위에 사과 조각을 덮어 주세요.

해바라기씨를 접시 위에 사진과 같이 뿌려 꾸며 주세요.

화이트초코 펜으로 '말이 씨가 된다'를 적어 마무리해 주세요.

빗살무늬 토기와 돌도끼 팬케이크

딱딱하고 생소한 역사 이야기도 간식으로 만들어 먹으며 독특하게 경험하다 보면 흥미진진한 이야기가 됩니다. 팬케이크 반죽을 신석기 시대의 대표적인 유물인 빗살무늬 토기와 돌도끼 모양으로 구워서 특징적인 무늬를 초코 펜으로 그려 주면 역사 체험 팬케이크 완성! 달콤하고 부드러운 팬케이크 간식도 먹고 빗살무늬 토기와 돌도끼에 대해서도 알아 보는 '맛있는 역사 공부 시간'을 가져 보세요.

아이와 이렇게 함께하세요!

아이와 팬케이크를 먹으면서 신석기 시대의 도구에 대해서, 빗살무늬 토기와 돌도끼의 특징과 쓰임새에 대해서 자유롭게 이야기를 주고받아 보세요. "빗살무늬 토기는 밑이 둥글어서 똑바로 세울 수가 없는데 어떻게 사용했을까?", "돌도끼는 주로 무얼 할 때 사용했을까?"와 같은 질문을 던져 아이 스스로 답을 찾아 다양한 생각을 떠올릴 수 있도록 해주세요.

재료

- 팬케이크 믹스
- 우유
- 달걀
- 식용유
- 다크초코 펜
- 화이트초코 펜
- 슈거파우더
- 메이플 시럽

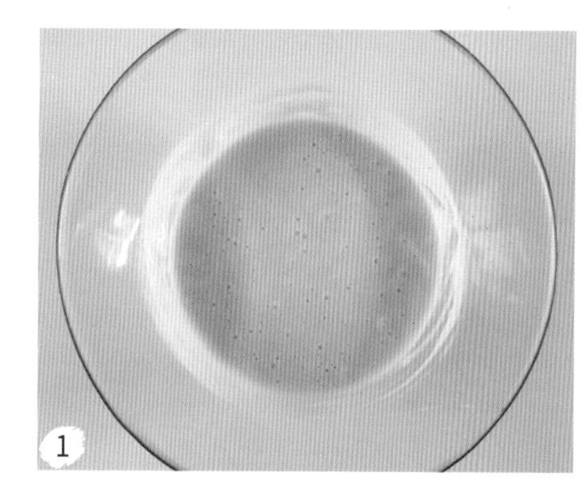

팬케이크 믹스, 우유, 달걀을 포장지에 적힌 비율대로 볼에 담아 고루 섞어 주세요.

프라이팬에 식용유를 두르고 팬케이크 반죽을 빗살무늬 토기 모양으로 올려 앞뒤로 노릇노릇하게 구워 주세요.

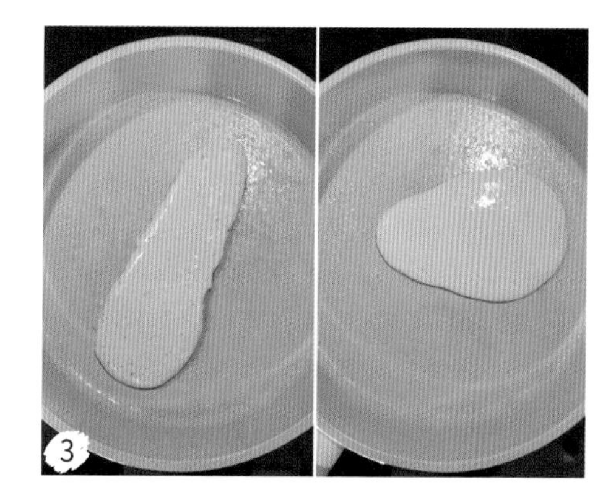

팬케이크 반죽을 돌도끼 자루 모양과 도끼 모양으로 올려 앞뒤로 노릇노릇하게 구워 주세요.

노릇하게 구운 빗살무늬 토기와 돌도끼 팬케이크를 접시 위에 올려 주세요.

다크초코 펜으로 빗살 무늬의 특징을 살려 그림을 그린 다음, 화이트초코 펜으로 '빗살무늬 토기' 글자를 적어 주세요.

다크초코 펜으로 돌도끼의 특징을 살려 그림을 그린 다음, 화이트초코 펜으로 '돌도끼' 글자를 적어 주세요.

팬케이크 위에 슈거파우더와 메이플 시럽을 뿌려 주세요.

완성된 빗살무늬 토기와 돌도끼 팬케이크를 먹으면서 신석기 시대의 대표적인 유물에 대해 이야기 나누어 보세요.

복숭아 무궁화

"무궁화 꽃이 피었습니다!"
광복절, 한글날, 제헌절 등 기념일
또는 국경일에 우리나라를 상징하는
꽃 무궁화의 아름다움을 접시에
담아 보세요. 우리나라 꽃의 모양과
의미를 특별하게 배울 수 있는
좋은 시간이 될 거예요.

아이와 이렇게 함께하세요!

무궁화가 '영원히 피고 또 피어서 지지 않는 꽃'이란 강인하고 의지 깊은 뜻을 품고 있는 꽃이라는 걸 아이들에게 들려 주세요.
우리나라 국화인 무궁화가 얼마나 멋진 뜻을 가진 꽃인지 알게 되면 길을 가다 만나게 되는 무궁화를 바라보는 마음이 더욱 특별해져요.

재료

- 복숭아 2개
- 참외 껍질
- 청경채

도구

- 가위 또는 과도

복숭아, 참외, 청경채를 물에 씻어 준비해 주세요.

복숭아는 동그란 모양으로 얇게 썰어 주세요.
이때 남은 복숭아의 껍질은 버리지 말고 보관해 주세요.

가위 또는 과도를 사용해 얇게 썬 복숭아를
무궁화 잎 모양으로 잘라 주세요.

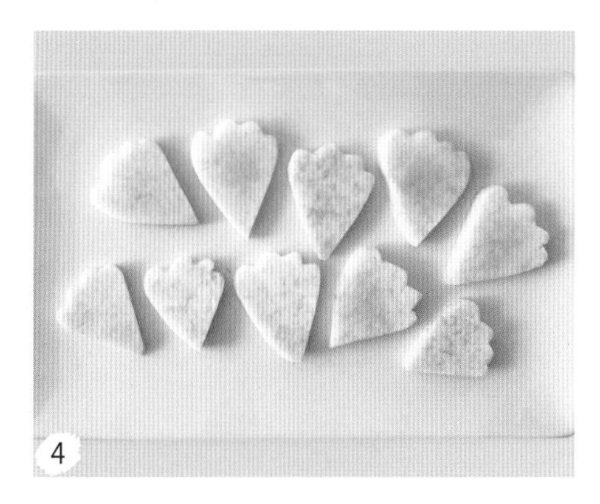

총 10장의 꽃잎을 잘라서 만든 다음 무궁화 1개에
5장씩 사용하면 됩니다.

5

청경채는 줄기 부분은 잘라내고 잎 부분만 남겨
총 8장을 준비해 주세요. 이때 잘라낸 청경채 줄기는
버리지 말고 보관해 주세요.

6

접시에 복숭아로 만든 꽃잎 5장을 원 모양으로
둘러서 배치하고 꽃잎 사이에 청경채 4장을 깔아
나뭇잎을 만들어 주세요. 같은 방법으로 무궁화 모양
1개를 더 만들어 주세요.

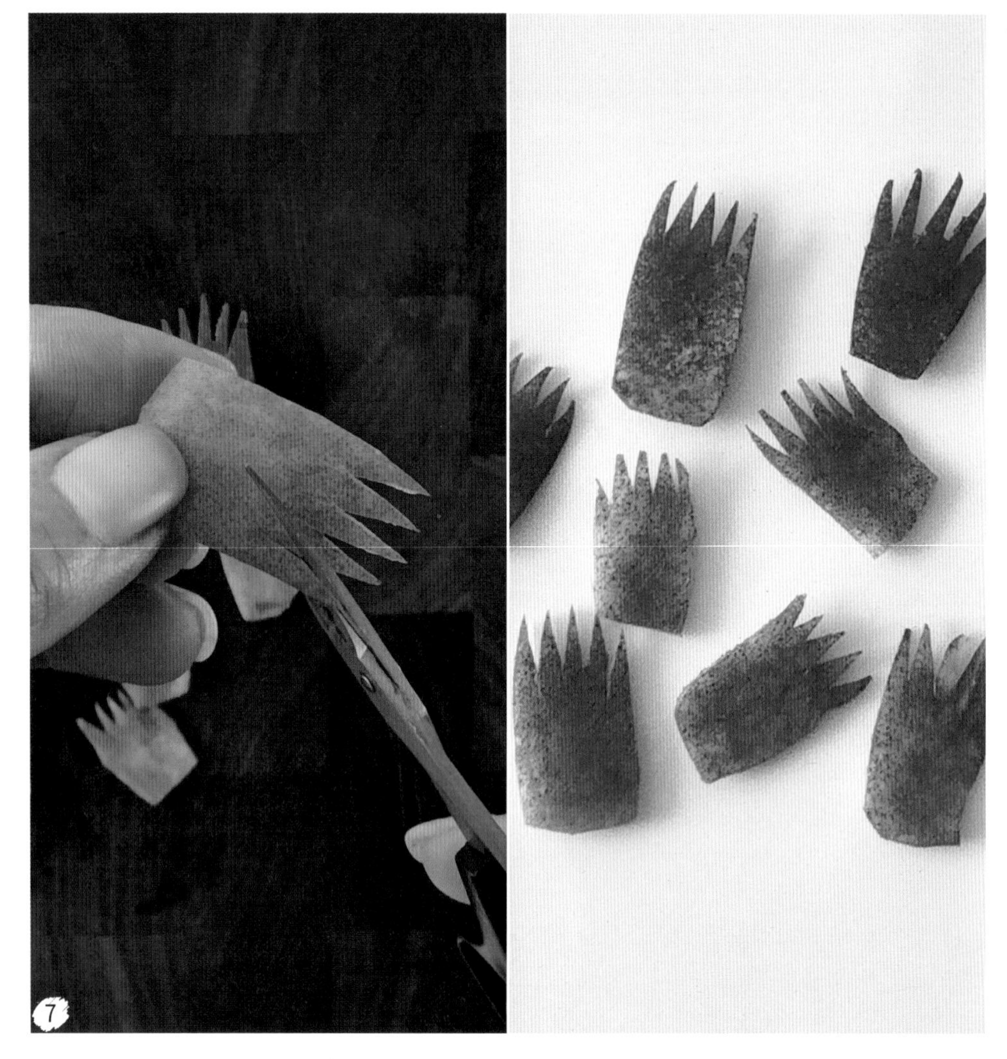
7

보관해 둔 복숭아 껍질을 가위로 잘라 무궁화 꽃 중심부에 놓을 꽃잎의 진한 무늬를 만들어 주세요.

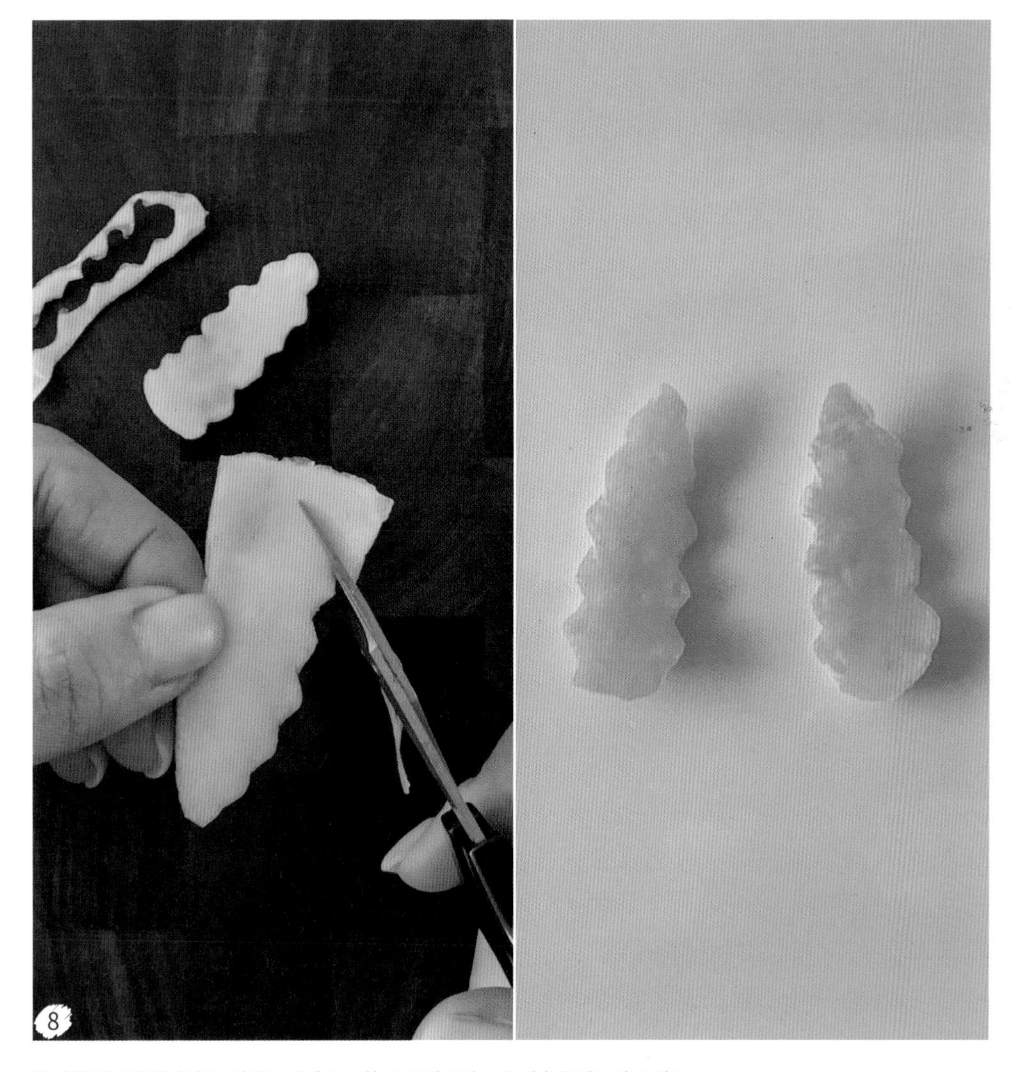

참외 껍질을 깎아낸 다음, 가위로 잘라 무궁화 꽃 중심부에 놓을 암술을 만들어 주세요.

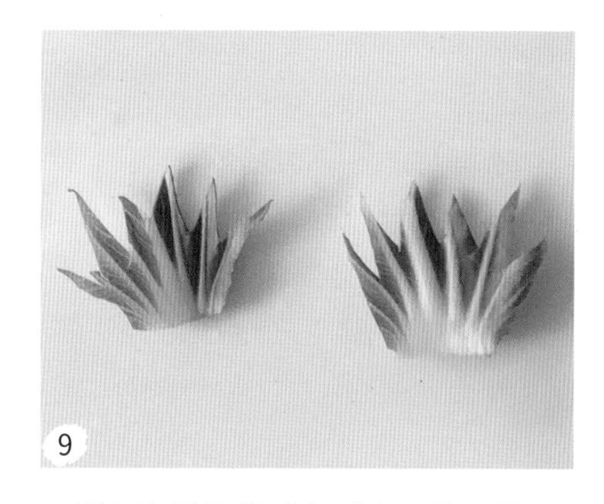

보관해 둔 청경채 줄기를 가위로 잘라 무궁화 꽃받침을 만들어 주세요.

복숭아 꽃잎 위에 모양낸 복숭아 껍질을 원 모양으로 올린 다음, 청경채로 만든 꽃받침과 참외 껍질로 만든 암술을 순서대로 올려 주면 무궁화 꽃 완성!

김밥 태극기

식탁 위에 태극기가 펄럭이다니, 상상만으로도 '우와!'하고 감탄이 나오는 에듀푸드 놀이예요. 태극기의 건곤감리는 꼬마 김밥으로, 태극 문양은 식빵으로 완성해 '재미있는 기억 효과'를 아이가 직접 느낄 수 있도록 해주세요.

아이와 이렇게 함께하세요!

아이들과 김밥 태극기를 먹으면서 '건곤감리' 4괘에 담긴 뜻에 대해서 이야기 나누어 보세요.
<건:하늘, 곤:땅, 감:물, 리:불> 우리나라 국경일에 태극기 김밥을 만든다면 더 의미 있는 활동이 되겠죠.

재료

- 김
- 소고기 볶음
  (만들기 117쪽 참고)
- 멸치볶음
- 밥
- 식빵
- 딸기잼, 블루베리잼
- 고운 소금
- 통깨, 참기름

멸치볶음 양념

- 잔멸치 100g
- 간장 1큰술
- 올리고당 1큰술
- 통깨 약간
- 식용유 약간

도구

- 종이 포일

1

다진 소고기에 볶음 양념 재료를 넣고
잘 버무려 잠시 재운 다음 프라이팬에 볶아
소고기 볶음을 준비해 주세요.

2

달궈진 프라이팬에 식용유를 두르고 잔멸치를 넣어
노릇하게 볶다가 약불로 줄여 간장, 올리고당을 넣고
한 번 더 볶아 주세요. 통깨를 뿌리고 한김 식혀 주세요.

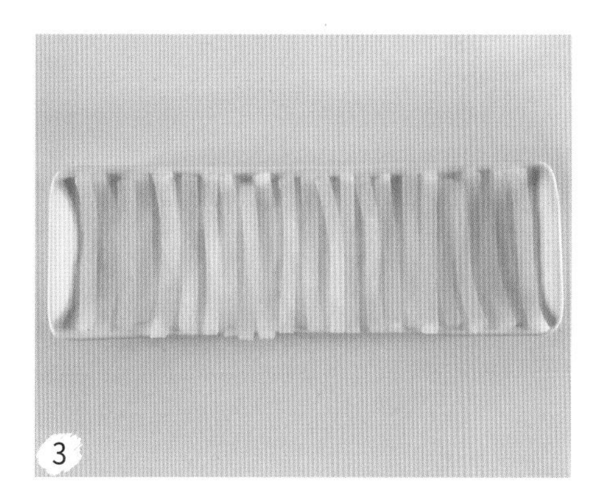

3

단무지는 두께 5mm, 길이 10cm 크기로 잘라서
준비해 주세요.

4

김밥용 김은 4등분으로 잘라 주세요.

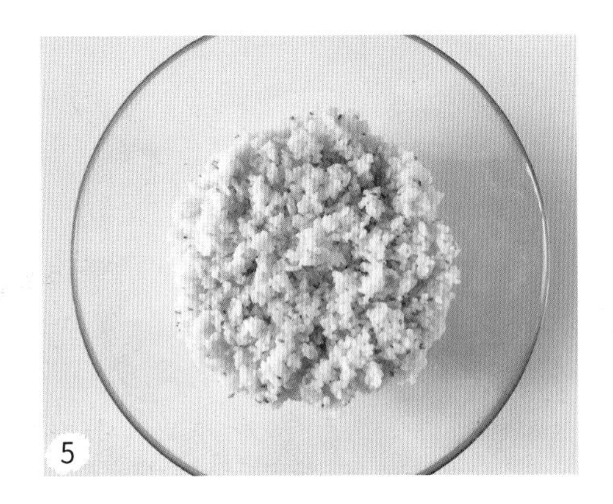

밥에 고운 소금, 참기름, 통깨를 넣고 잘 버무린 다음
한김 식혀 주세요.

김에 밥을 얇게 편 다음, 단무지, 소고기 볶음, 멸치볶음을
각각 올려 돌돌 말아 꼬마김밥 12개를 만들어 주세요.

꼬마김밥 6개는 반으로 잘라 주세요.

8

식빵을 준비해 테두리를 가위로 잘라 사진과 같이 태극 문양을 만들어 주세요.

9

태극문양 위쪽에는 딸기잼, 아래쪽에는 블루베리잼을 발라 주세요.

10

종이 포일을 가로 40cm, 세로 30cm 크기로 잘라 넓게 편 다음, 아이와 함께 태극 식빵과 꼬마 김밥을 건곤감리 위치에 맞게 올려 보세요.

꼬막 숭례문

에듀푸드와 함께라면 접시 위
문화재 투어가 가능해요!
삶은 꼬막을 다양한 각도로
배치하면 기와지붕 느낌이
살아나고, 밥과 초록 빛깔
달래장을 더하면 우리나라 국보
숭례문이 접시 위에 세워진답니다.
꼬막밥을 쓱쓱 비벼 먹으며
우리나라 문화재를 색다르게
체험하는 특별한 시간을
가져 보세요.

아이와 이렇게 함께하세요!

숭례문이 나와 있는 역사책이나 사진을 활용해 숭례문에 얽힌 재미있는 이야기 들려 주세요. 숭례문은 한때 국보 1호란 애칭으로 불렸을 정도로 우리나라의 소중한 문화재라는 것도 말이죠. 숭례문은 조선시대 한양의 출입문으로 매일 밤 10시쯤에 문을 닫았다가, 다음날 새벽 4시쯤에 문을 열었고 문루에 종을 매달아 매일 그 시간을 알렸다는 것도 이야기해 주면 아이들은 금세 재미있는 역사 이야기에 푹 빠지게 될 거예요.

재료

- 꼬막
- 오이
- 새싹채소
- 밥

꼬막 양념장

- 달래 50g
- 당근 1/4개
- 간장 4큰술
- 올리고당 1큰술
- 다진 마늘 1/2큰술
- 참기름 1큰술
- 통깨 1큰술

1

밥으로 숭례문의 돌담과 문 모양을 만들어 접시 위에 올려 주세요.

2

꼬막을 깨끗한 물에 여러 번 헹궈 세척한 다음, 끓는 물에 넣고 한쪽 방향으로 저어주면서 2분 정도 삶아 주세요.

3

껍질을 깐 꼬막을 사다리꼴 형태의 기와지붕 모양으로 올려 주세요.

4

그릇에 꼬막 양념장 재료를 넣고 골고루 섞어 주세요.

5

기와지붕 사이에 꼬막 양념장을 올려 주세요.

6

오이를 0.5cm 높이로 길게 잘라 양념장 아래쪽에 올려 주세요.

7

오이로 나뭇잎 모양을 만들어 주세요.

8

새싹채소를 접시 아래쪽에 올려 들판 느낌을 더하고, 오이 나뭇잎을 꾸미면
우리나라 국보 숭례문이 완성됩니다.

먹는 독후 활동

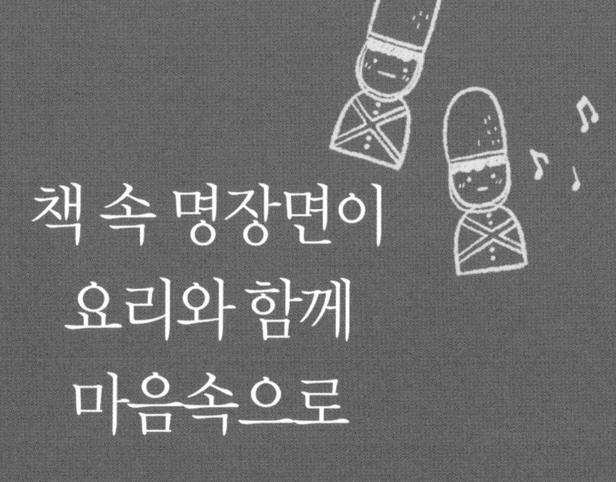

책 속 명장면이 요리와 함께 마음속으로

아이와 함께 즐겁게 읽은 책에서 가장 기억에 남는 장면을
요리로 만들어 나누어 먹다 보면 그 이야기는 아이의 마음에
아름답게 자리 잡아 오랜 시간 감동을 전하게 됩니다.
이야기를 글과 그림으로 경험하는 것이 아닌 맛있는 요리로 마주하는 순간
집중력이 약한 아이들도 책 속 이야기에 빠져들게 된답니다.

피노키오 김밥

거짓말을 하면 코가 길어지는 피노키오 이야기는 워낙 유명하죠. 아이들이 어릴 적 꼭 읽어 보는 동화책 중 하나이기도 하고요. 길어진 피노키오 코를 김밥으로 만들어서 재미있는 독후 활동을 해보는 것도 좋겠다는 생각에서 탄생한 에듀푸드 레시피예요. 가로로 긴 접시를 두 개 이어 붙이고 김밥을 올리면 길어진 피노키오 코를 완성시킬 수 있어요. 김밥을 하나씩 먹을 때마다 점점 짧아지는 피노키오 코를 보면서 솔직한 마음이란 어떤 것인지 이야기 나누어 보는 것도 좋을 것 같아요.

✰ 책 뒤에 삽입된 활동지를 활용하세요.

아이와 이렇게 함께하세요!

"피노키오의 코가 왜 길어졌을까?", "정직한 피노키오가 되려면 어떻게 해야 할까?" 김밥을 먹으면서 아이와 피노키오에 대해 이야기를 나누어 보세요. 평소 밥투정이 있던 아이라면 정직한 피노키오를 위해 열심히 김밥을 먹는 마법 같은 일이 벌어질지도 몰라요.

재료

- 밥
- 김밥 김
- 소불고기
- 시금치나물
- 단무지
- 달걀지단
- 소금
- 참기름, 통깨

소불고기 양념

- 불고기용 소고기 300g
- 간장 5큰술
- 올리고당 2큰술
- 다진 마늘 1큰술
- 참기름 1큰술
- 통깨 1큰술
- 후춧가루 약간

1 김밥 재료를 준비해 주세요. 양념 재료에 재운 소고기는 볶아서 한김 식혀 주세요.

2 밥에 소금, 통깨, 참기름을 넣고 잘 버무린 다음 김 위에 올려 고루 펴 주세요. 그 위에 준비한 김밥 재료를 올려 김밥 4줄을 완성해 주세요.

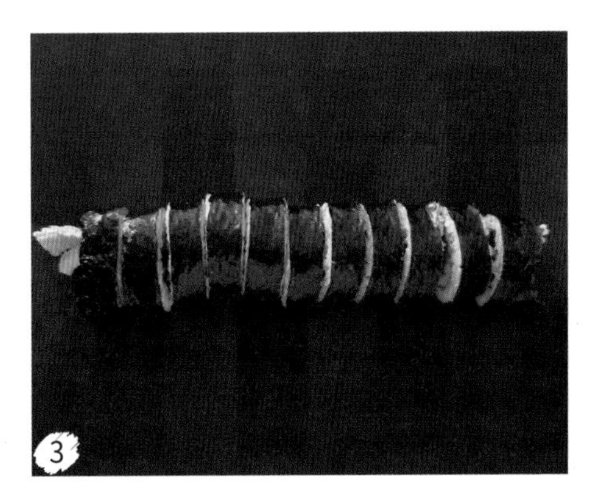

3 완성된 김밥은 예쁘게 잘라 주세요. 이때 칼에 기름을 살짝 묻혀주면 김밥 속 밥과 재료가 뭉그러지지 않고 예쁘게 자를 수 있어요.

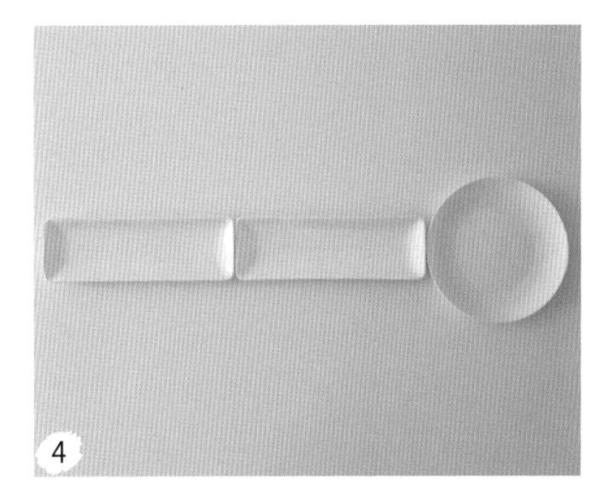

4 긴 접시 두 개를 나란히 이어 붙이고 원형 접시를 오른쪽에 배치해 주세요.

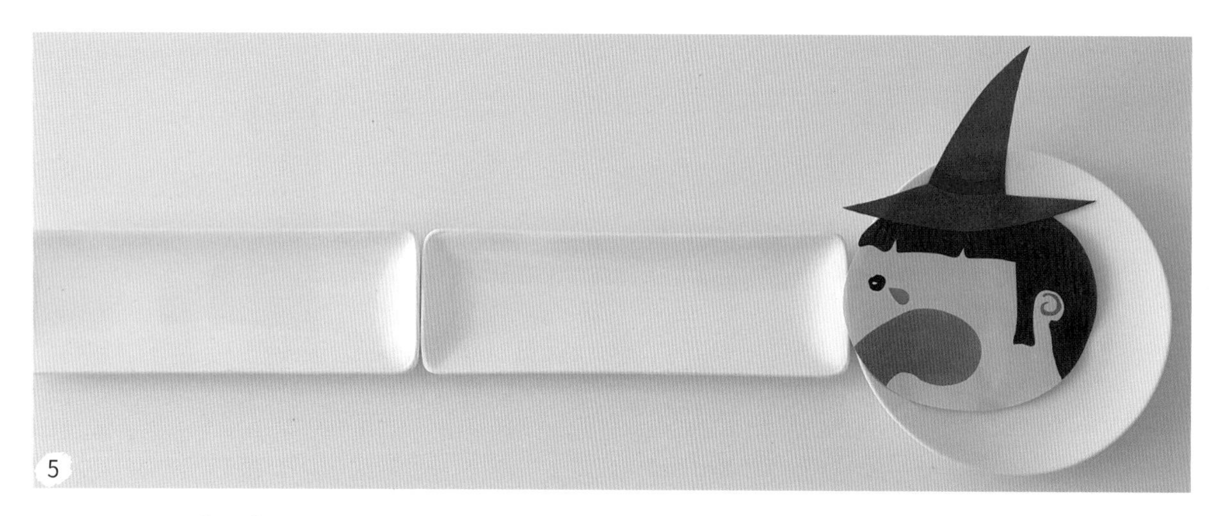

피노키오 얼굴 활동지(215쪽)를 가위로 잘라 원형 접시 위에 올려 주세요.

피노키오 코 위치에 김밥을 한 줄씩 올려 주세요.

피노키오 코가 점점 길어지는 것처럼 접시 위에 김밥을 가득 채워 주세요.

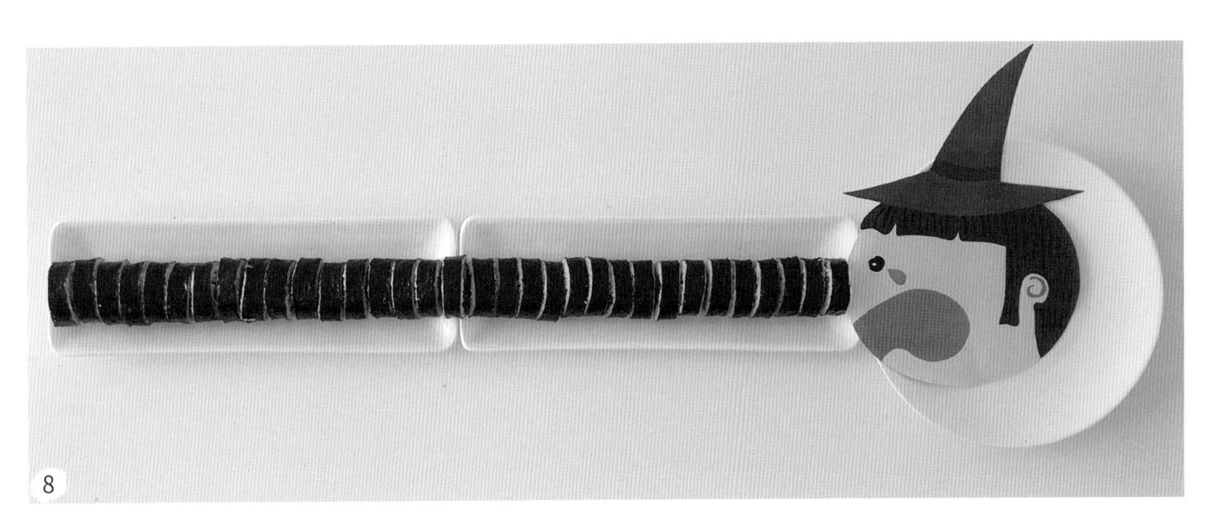

김밥 4줄을 긴 접시 위에 모두 올려주면 길어진 피노키오 코가 완성됩니다.

장난감 병정

아름답지만 슬픈 동화 '장난감 병정 책'을 보고
키위와 초코 펜으로 장난감 병정을 만들어 보았어요.
키위를 잘라 병정 모자, 얼굴, 옷을
더해주면 쉽고 간단하게
장난감 병정을 만들 수
있답니다. 초코 펜으로
표정까지 더해주면
책 속에 있던 병정들이
접시 위에서 방긋 웃으며
인사를 하는 것 같은 기분이
들어요. 키위 병정들과
함께 재미있는 독후 활동을
시작해 볼까요?

아이와 이렇게 함께하세요!

장난감 병정 키위를 먹으면서 장난감 병정이 어떻게 춤추는 소녀를 좋아하게 되었고, 다시 만나기 위해 어떤 경험을 했는지 이야기를 나누어 보세요.
장난감 병정이 겪었던 여러 상황들에 대해 이야기 나누며 아이 스스로 다양한 감정을 느끼고 생각해 볼 수 있도록 의미 있는 시간을 만들어 주세요.

재료

- 키위 2개
- 화이트초코 펜
- 레드초코 펜
- 다크초코 펜
- 핑크초코 펜

키위를 길게 세로로 자른 다음,
사진과 같이 한쪽은 크게 한쪽은 작게
나누어 잘라 주세요.

작은 사이즈의 키위는 껍질을 깎아
사진과 같이 배치해 병정 얼굴이 되도록
올려 주세요.

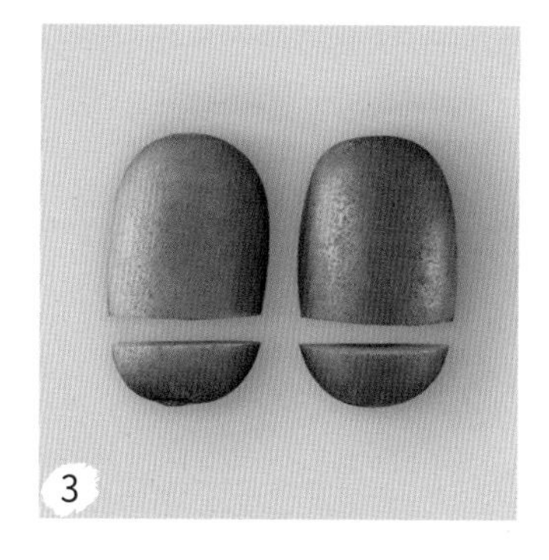

나머지 키위 1개를 1/4 지점에서
나누어 잘라 주세요.

큰 사이즈 키위를 모자처럼 병정 얼굴
위에 배치해 주세요.

다크초코 펜으로 병정 머리카락과 눈,
입을 그려 넣고, 핑크초코 펜으로 병정의
볼을 칠해 주세요. 그다음 화이트초코
펜과 다크초코 펜으로 병정의 옷을
꾸며 주세요.

키위 껍질을 잘라 병정 모자의 끈을 달고,
다크초코 펜과 레드초코 펜으로 장난감
병정 글자를 적고, 음표를 그리면 완성!

인어공주 밥

세계적인 사랑을 받은 명작동화
인어공주를 읽고 접시 위에
그림책의 한 장면을 만들어
보세요. 노릇노릇 맛있게 구운
고등어와 포슬포슬 빛 고운
달걀지단만 있으면 접시
위에 예쁜 인어공주가
완성된답니다. 여기에 나물
반찬과 채소로 바닷속 해초와
물고기들을 꾸며주면 실감 나는 바닷속
풍경이 접시 위에 펼쳐져요.

아이와 이렇게 함께하세요!

평범했던 밥과 반찬이 인어공주의 어떤 부분으로 변신했는지 이야기해 주며 아이의 상상력을 자극해 주세요.
인어공주 밥을 먹으면서 책 속 이야기 중에 인상적이었던 장면이나 느낀 점에 대해 아이와 이야기 나누면 특별한 독후 활동이 완성됩니다.

재료

- 고등어 1/2마리
- 밥
- 달걀지단
- 시금치나물
- 고사리나물
- 파프리카
- 당근
- 레몬
- 김
- 케첩
- 마요네즈
- 식용유

도구

- 짤주머니
- 요리용 핀셋

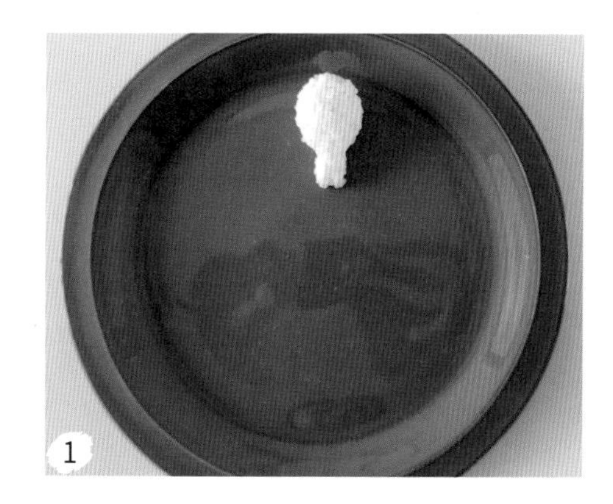

밥을 각각 4cm, 1.5cm 정도로 뭉쳐 사진과 같이 접시 위에 올려 인어공주 얼굴과 목을 만들어 주세요.

밥을 뭉쳐서 인어공주 상반신 몸 모양을 만들어 목부분과 이어지게 올려 주세요. 여기에 길고 가늘게 뭉친 밥을 붙여 팔 모양을 완성해 주세요.

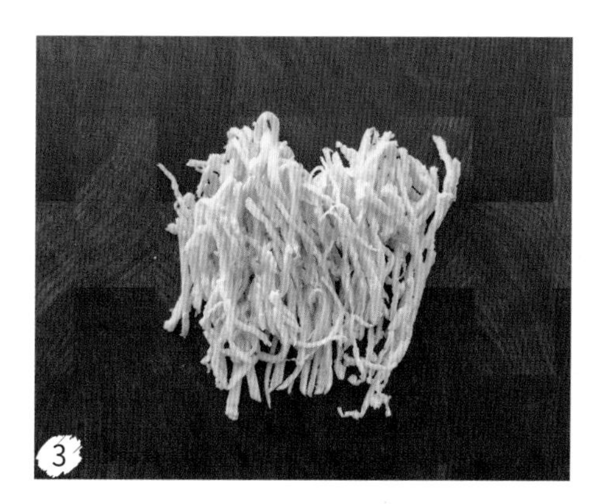

달걀지단은 얇게 채 썰어 준비해 주세요. 물고기 모양을 만들 때 달걀지단이 필요하므로 모두 채 썰지 말고 조금 남겨 두세요.

핀셋을 사용해 달걀지단을 사진과 같이 한 올 한 올 올려 인어공주의 긴 머리카락을 만들어 주세요.

달군 프라이팬에 식용유를 두르고 고등어 꼬리 부분을 노릇노릇하게 구워 준비하고,
사진과 같이 접시 위에 올려 인어공주의 꼬리를 만들어 주세요.

레몬을 얇게 썰어 반으로 잘라 꼬리지느러미를 꾸미고, 시금치나물과 고사리나물을
접시 아래쪽 공간에 배치해 해초를 연출해 주세요.

빨간 파프리카와 당근을 잘라 다양한 크기의 불가사리 모양을, 노란 파프리카를 잘라
조개 모양을 만들어 주세요. 그리고 달걀지단과 당근을 세모 모양으로 잘라 물고기 몸통과
꼬리를 만들어 주세요.

불가사리, 조개, 물고기를 배치해 바닷속을 꾸며 주세요.

짤주머니에 마요네즈를 넣어 구운 고등어 위에 물고기 무늬를 그리고,
불가사리와 조개도 꾸며 주세요.

당근을 얇게 잘라 조개 모양을 만든 다음, 인어공주 가슴 위에 올려서 옷을 만들어 주세요.

김을 잘라 인어공주 눈과 작은 물고기 줄무늬를 만들고, 케첩으로 인어공주 입을,
검은깨로 물고기 눈을 꾸며 주세요.

12

인어공주 밥을 먹으며 책에서 읽었던 이야기 중 감명 깊었던 부분에 대해
이야기를 나누어 보세요.

+아이랑

신데렐라 유리구두

신데렐라의 가장 대표적인
이미지는 왕자님을 만나게 해 준
유리구두가 아닐까요?
신데렐라 책을 읽고
유리구두를 간식으로 만들어
독후 활동을 해본다면
아이들의 창의력이
더욱 커질 거예요.

아이와 이렇게 함께하세요!

머핀, 과자 등 흔한 디저트 재료를 활용해 아이가 직접 유리구두를 만들어 보면, 평범한 재료들에 상상력과 창의력을 더하면 전혀 새로운 이미지로 변신시킬 수 있다는 걸 배우게 됩니다.

재료

- 머핀
- 길쭉 모양 과자
- 직사각 모양 과자
- 다크초코 펜
- 생크림
- 사과

도구

- 짤주머니

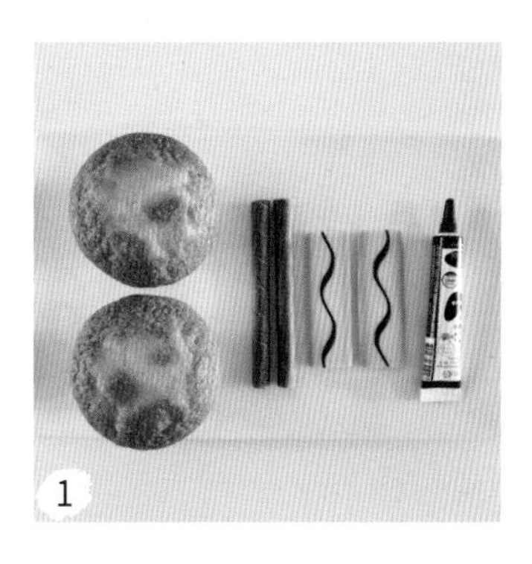

머핀 2개, 길쭉한 모양 과자 2개,
직사각 모양 과자 2개, 다크초코 펜을
준비하세요.

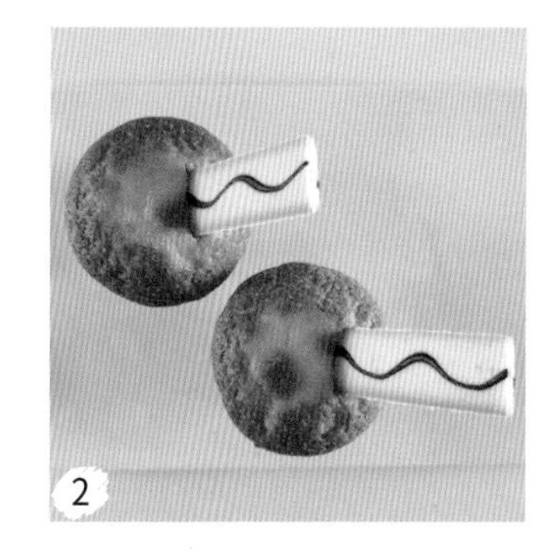

그림과 같이 머핀 윗부분에 3cm 정도
길이의 칼집을 낸 다음, 직사각 모양의
과자를 끼워 주세요.

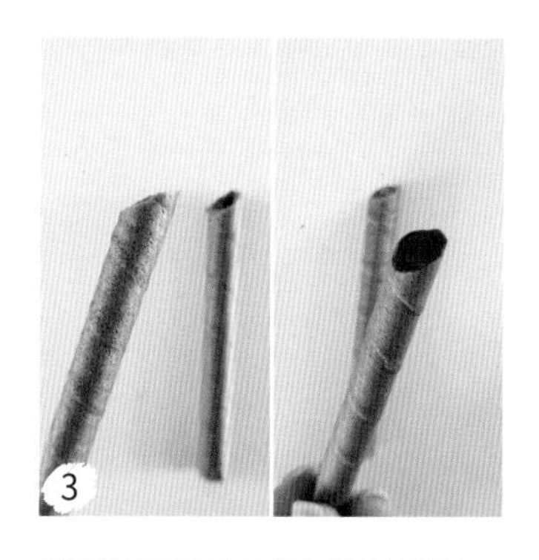

길쭉한 모양의 과자 끝을 사선 모양으로
자른 다음, 다크초코 펜을 바르세요.

직사각 모양의 과자를 그림과 같이
세워 고정시켜 주세요.

짤주머니에 생크림을 넣어 머핀 위에
동그란 모양을 쌓아 올려 유리구두의
우아한 느낌을 더해 주세요.

사과를 껍질째 잘라 칼로
리본 모양을 만들어 생크림 위에 올려
주면 신데렐라의 유리구두 완성!

고흐 작품밥

어느 날, 태양의 화가
'고흐'에 관한 책을
보았어요. 고흐의
작품은 아름다운 자연의
모습을 강렬하게 표현한
것이 많았는데,
그중 <노란 보리밭과
측백나무>라는 작품을
시금치나물, 브로콜리 나물,
오이, 감태, 달걀지단으로 만들어
보았어요. 가장 아름다운 색감을 가진
자연의 식재료로 명화를 접하는 특별한
경험을 선물해 보세요.

아이와 이렇게 함께하세요!

접시에 그려진 고흐 작품 밥을 먹으며 고흐가 그린 그림에는 어떤 특징이 있는지 이야기 나누어 보세요.
고흐의 회화 기법은 물론 그림 속에 담긴 다양한 역사적 이야기도 들려 주면 아이는 명화와 한 뼘 더 가까워질 거예요.

재료

- 밥
- 시금치나물
- 브로콜리 나물
- 오이
- 감태
- 달걀지단
- 케첩

달걀지단을 잘게 채 썰어 접시 아래쪽에 담아 주세요.

오이를 얇게 썬 다음, 달걀 지단 위에 산처럼 배치해 주세요.

밥을 나무 모양으로 뭉쳐서 오이 위에 올려 주세요.

나무 모양 밥에 구운 감태를 감싸 주세요.

브로콜리 나물을 달걀지단 위아래로 배치해 들판의 풀과 같이 꾸미고, 시금치나물을 달걀지단 위에 올려 풀의 풍성함을 살려 주세요.

밥을 다양한 크기로 뭉쳐 준비한 다음, 하늘에 떠 있는 구름과 같이 배치해 주세요. 달걀지단 위에 케첩을 점처럼 찍어 올려, 아름다운 꽃잎을 더해 주세요.

아인슈타인 크림 파스타

빛의 비밀을 알아낸 위대한 과학자 아인슈타인에 대한 책을 읽은 날이라면, 아인슈타인 파스타를 간식으로 준비해 주세요. 식빵에 땅콩잼을 바른 다음 초코 펜으로 얼굴을 그리고, 하얗고 꼬불꼬불한 형태의 크림 파스타로 아인슈타인의 개성 있는 헤어스타일을 더해주면 끝! 평소 과학에 호기심이 많은 저희 집 아이들은 책에서만 보던 아인슈타인을 접시에서 만나더니 너무 반가워했답니다.

아이와 이렇게 함께하세요!

식재료의 예상치 못한 변신은 아이들의 창의력을 높여줄 뿐 아니라, 기억 속에 오래도록 남는 효과가 있답니다.
이런 효과를 살려 책 내용과 연계해 독후 활동 시간을 가진다면 아이는 아인슈타인에 관한 이야기를 잊지 못할 거예요.

재료

- 식빵
- 땅콩잼
- 다크초코 펜
- 크림 파스타

크림 파스타 재료

- 새우
- 베이컨
- 양송이
- 스파게티 면
- 시판용 크림파스타 소스

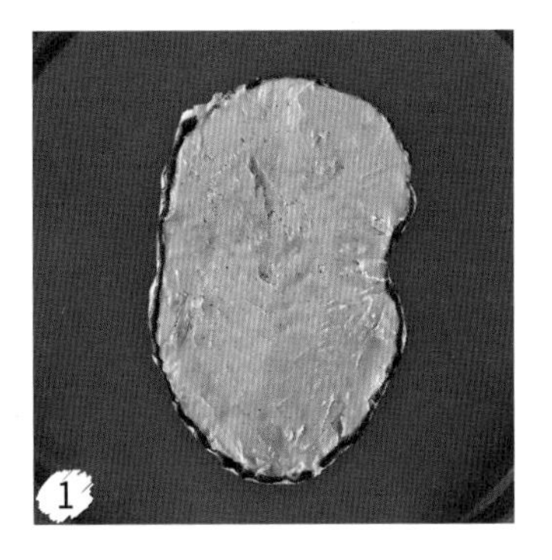

식빵을 아인슈타인 얼굴 모양으로 자르고 그 위에 땅콩잼을 발라 주세요. 그리고 다크초코 펜을 사용해 얼굴 가장자리에 라인을 그려 주세요.

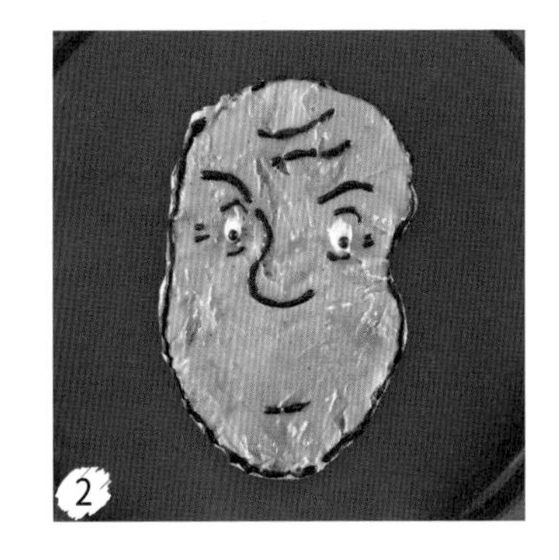

식빵을 눈 모양으로 잘라 올리고, 다크초코 펜으로 아인슈타인의 눈동자와 코, 입, 이마 주름을 그려 주세요. 책에 있는 아인슈타인 얼굴을 보고 그리면 조금 더 쉽게 그릴 수 있답니다.

식빵을 수염 모양으로 잘라 코 아래쪽에 붙이고, 다크초코 펜으로 수염 모양을 그려 주세요.

완성된 아인슈타인 얼굴 식빵을 접시 위에 올리세요.

크림 파스타를 만들어서 아인슈타인의 헤어스타일을 꾸며 주세요. 하얗고 꼬불꼬불한 크림 파스타의 질감을 살려 올려주면 아인슈타인의 특징을 실감 나게 표현할 수 있답니다.

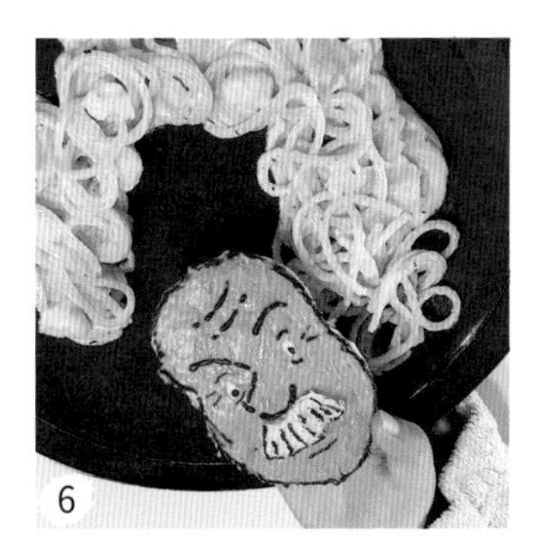

아인슈타인 얼굴 식빵과 크림 파스타를 먹으며 아인슈타인에 대해 이야기를 나누어 보세요.

링컨 : 흑인과 백인 간식

피부색과 상관없이 모든 사람들은 평등하고 소중하다는 메시지를 일깨워주는 책 '링컨'을 읽고, 에듀푸드표 간식 시간을 통해 특별한 독후 활동을 해보세요. 초코잼과 블루베리로 흑인을, 크림치즈와 스크램블 에그로 백인을 만들고, 케첩 하트로 피부색에 상관없이 우린 모두 하나 됨을 표현해 보세요. 백인과 흑인 노예해방에 앞장선 링컨 책을 읽으며 자유와 평등이 얼마나 값진 일인지 아이 스스로 느낄 수 있도록 해주세요.

아이와 이렇게 함께하세요!

같은 크기의 직사각형 모양 접시에 흑인과 백인을 각각 만들어 올리고 케첩 하트를 반만 그려 넣어 접시를 나란히 붙이면 예쁜 하트가 완성됩니다.
완성된 에듀푸드의 이미지를 보여 주며 피부색과 상관없이 우린 모두 평등하다는 것을 이야기해 주세요.

재료

- 식빵
- 초코잼
- 크림치즈
- 슬라이스치즈
- 달걀
- 오이
- 빨간색 파프리카
- 블루베리
- 케첩

도구

- 짤주머니
- 가위 또는 과도

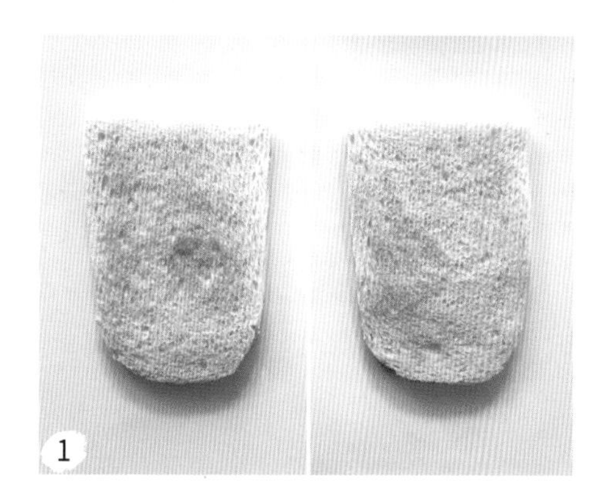

1

식빵은 노릇하게 구워 가장자리는 자르고,
가위로 사람 얼굴 모양으로 오려 주세요.

2

한쪽에는 초코잼, 한쪽에는 크림치즈를 바르세요.

3

초코잼을 바른 식빵 위에 블루베리를 올려서
흑인의 헤어스타일을 만들고, 크림치즈를 바른 식빵 위에
스크램블 에그를 올려서 백인의 헤어스타일을 만들어
주세요.

4

슬라이스치즈를 원 모양과 세모 모양으로 잘라
식빵 위에 올려 눈과 코를 꾸미고, 블루베리를 올려
눈동자를 더해 주세요.

5

빨간색 파프리카를 얇게 잘라 입술을 꾸며 주세요.

6

오이를 반원 모양과 길쭉한 하트 모양으로 잘라 눈과 코를 만들어주고, 식빵에 올려
얼굴을 꾸며 주세요. 블루베리를 반으로 잘라 오이 눈 위에 올려 눈동자를 완성해 주세요.

7

빨간색 파프리카로 입술을 만들어 올려 주세요.

8

짤주머니에 케첩을 넣어 2개의 접시 위에 사진과 같이 그리고, 접시를 붙여 하트 모양을 완성하세요.

김치볶음밥 세종대왕

딱딱하고 지루할 수 있는 위인전도 에듀푸드와 함께라면 재미있고 특별한 방법으로 독후 활동을 할 수 있어요. 한글의 소중함을 깨닫게 해주는 세종대왕 책을 읽고 세상 하나뿐인 세종대왕 주먹밥을 만들어 보세요. 김치볶음밥의 알록달록 붉은 색감으로 곤룡포를 표현하고, 김으로 세종대왕의 표정을 담아내며 아이들이 위인에 대해 더욱 친근하고 재미있게 이해할 수 있도록 해주세요.

아이와 이렇게 함께하세요!

아이와 세종대왕 김치볶음밥을 먹으며 세종대왕이 어떤 훌륭한 일들을 했는지 이야기하며 책 내용을 다시 연상해 볼 수 있도록 해주세요.
그리고 세종대왕이 만든 한글의 소중함과 한글을 사랑하는 방법에는 어떤 것들이 있는지 이야기 나누어 보세요.

재료

- 김치
- 소고기 볶음
  (만들기 117쪽 참고)
- 밥
- 소금
- 식용유
- 참기름, 통깨
- 빨간색 파프리카
- 맛살
- 달걀지단
- 김
- 케첩, 마요네즈
- 머스터드소스

도구

- 짤주머니

프라이팬에 식용유를 두르고 잘게 썰어 둔 김치를 넣어 볶다가 소고기 볶음을 넣어 고루 섞으며 볶아 주세요. 여기에 밥을 넣어 함께 볶다가 소금으로 간을 하고 마지막에 참기름, 통깨를 넣어 마무리하세요.

동그란 모양으로 지단을 구워 접시 위에 올려 주세요.

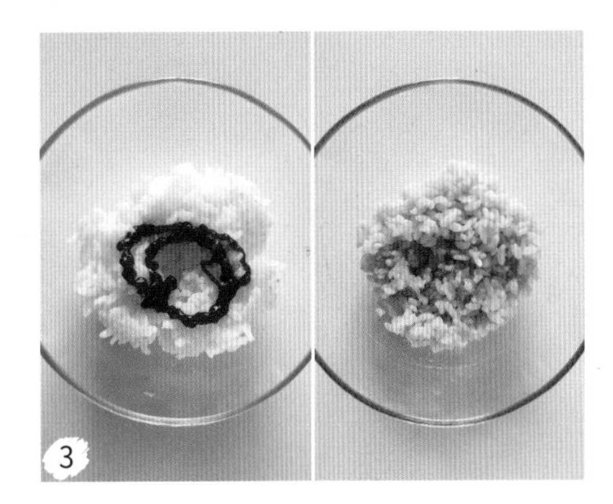

밥에 케첩을 섞어 사람 피부색과 비슷한 색감을 더해 주세요.

색을 더한 밥을 뭉쳐 타원 모양, 작은 원 모양으로 만들고 사진과 같이 올려 주세요.

김치볶음밥을 뭉쳐 몸통과 팔 모양을 만들어 올려 주세요.

맛살을 잘라 세종대왕이 들고 있는 책 모양을 만들어 손에 올리고, 김을 붙여 세종대왕이 쓰고 있는 익선관을 만드세요.

김을 잘라 세종대왕의 눈썹과 눈, 코, 콧수염, 턱수염을 만들고, 파프리카로 입을 만들어 사진과 같이 얼굴에 붙이세요.

빨간색 파프리카를 길쭉한 모양으로 잘라 세종대왕 허리 벨트를 만들어 올리세요.

짤주머니에 마요네즈를 넣어 옷과 책 부분을 꾸며 주세요.

짤주머니에 머스터드소스를 넣어 곤룡포 무늬를 그려 주세요.

완성된 세종대왕 김치볶음밥을 먹으며 아이와 독후 활동을 해보세요.

알사탕 동동이

개성 있고 독특한 표현법이 인상적인 백희나 작가님의 그림책 <알사탕>은 읽으면 읽을수록 책 속으로 빠져들게 되는 매력이 있죠. 아이와 함께 <알사탕> 을 읽고 책 속 주인공 '동동이'를 맛있는 간식으로 만들어 볼까요? 동글동글한 동동이의 얼굴을 닮은 모닝빵에 초코 펜으로 헤어스타일과 얼굴을 그려주기만 하면 생각보다 어렵지 않게 동동이의 모습을 만들 수 있답니다. 집에 있는 알사탕 몇 개를 접시 위에 같이 굴려 주면 그림책 속에 있던 동동이가 접시 위에 나타난 듯 보일 거예요.

Tip 아이와 이렇게 함께하세요!

접시 위에 나타난 동동이와 함께 꼭꼭 숨겨 두었던 아이의 마음속 소리에 대해 이야기 나누어 보세요.
동동이 간식을 먹다 보면 평소 말하기 어려웠던 마음속 이야기도 용감하게 엄마, 아빠에게 말하게 된답니다.

재료

- 모닝빵
- 식빵
- 다크초코 펜
- 핑크초코 펜
- 화이트초코 펜
- 옐로우초코 펜
- 투명 구슬
- 사탕

모닝빵을 접시 가운데에 올려 주세요.

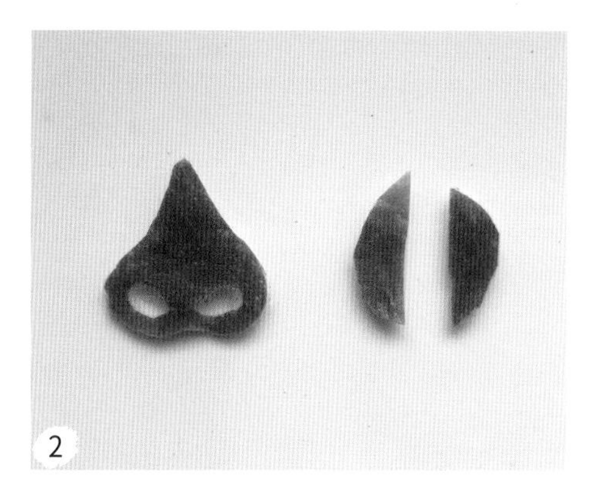

모닝빵 껍질 부분을 잘라 동동이 코와 귀 모양을
만들어 주세요.

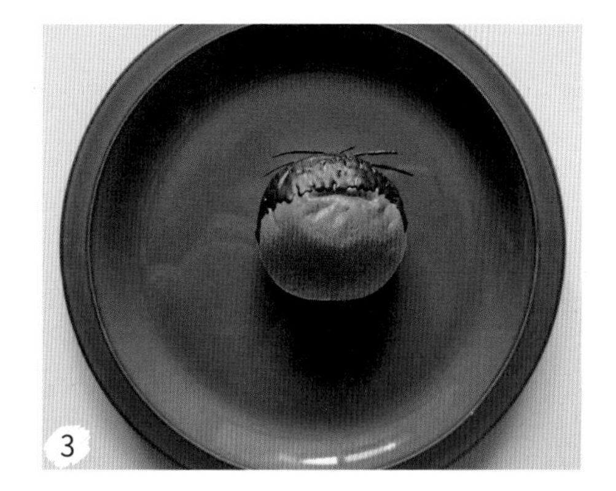

접시 위에 올린 모닝빵에 다크초코 펜을 사용하여
동동이의 헤어스타일을 그려 주세요. 이때 동동이의
삐쭉 튀어나온 머리카락도 함께 그리는 걸 놓치지 마세요.

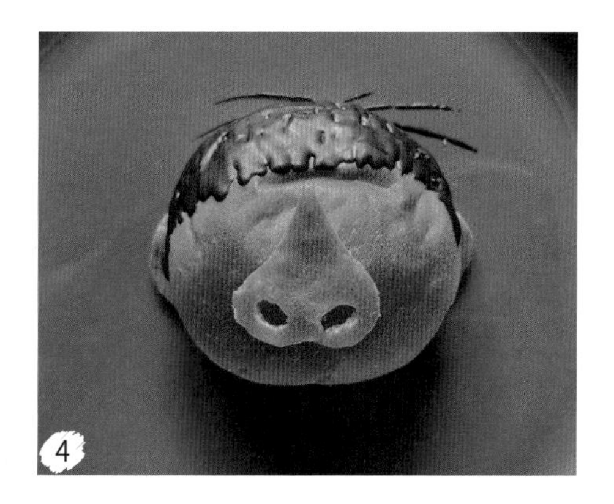

모닝빵으로 만들어 둔 동동이의 코와 귀를
사진과 같이 놓아 주세요.

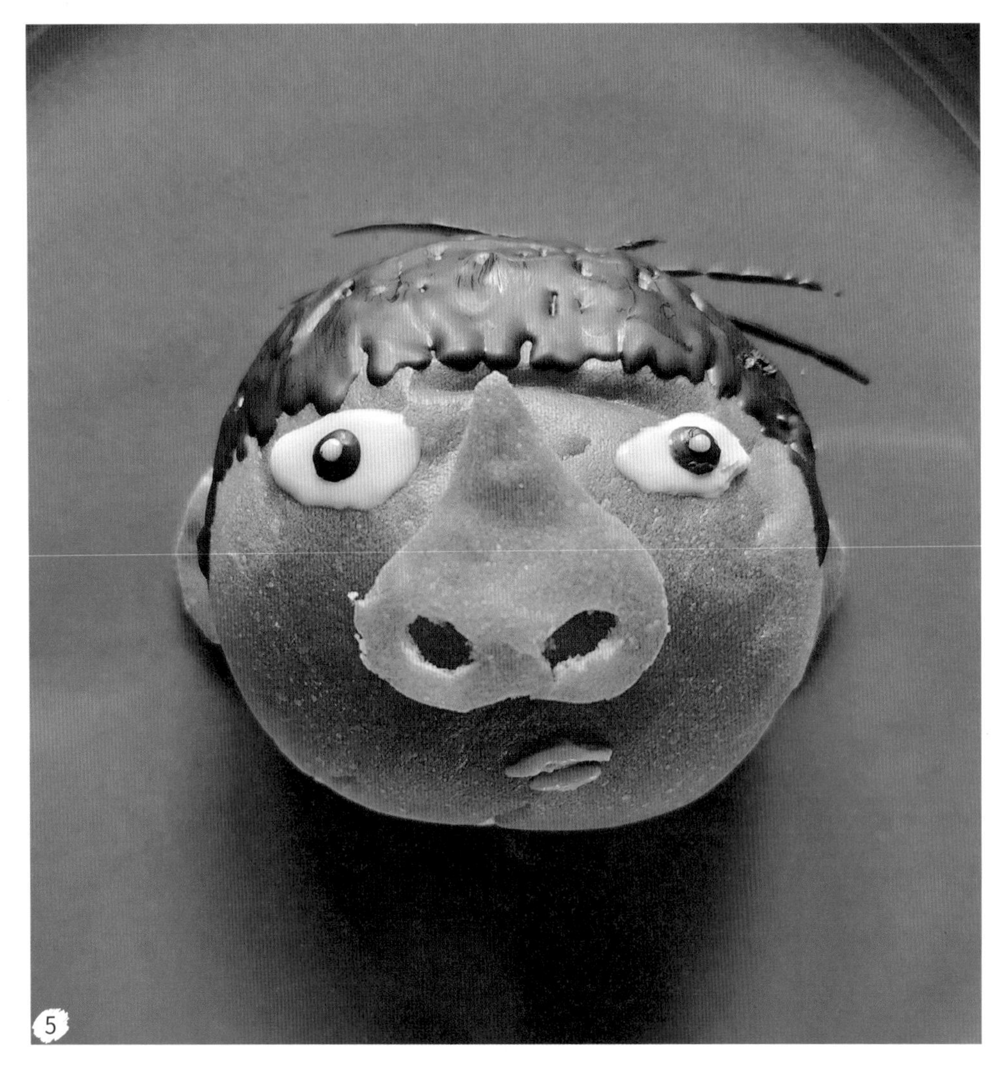

화이트초코 펜으로 동동이의 눈 모양을, 다크초코 펜과 옐로초코 펜으로 눈동자를 표현한 다음,
딸기초코 펜으로 입을 그려 주세요.

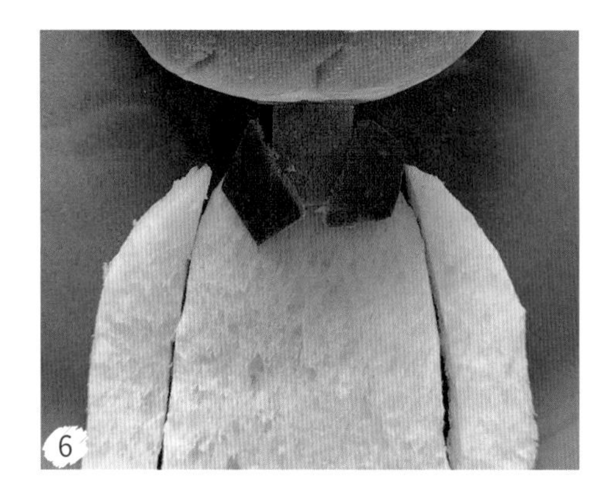

식빵의 가장자리를 잘라 내고 밀대로 밀어 납작하게
만든 다음, 동동이의 티셔츠 모양으로 잘라 준비하고
식빵 가장자리를 활용해 티셔츠의 옷깃 부분을 만들어
올리세요.

다크초코 펜으로 티셔츠에 가로 줄무늬를 그린 다음,
핑크초코 펜으로 가로 줄무늬를 2줄로 그려 색감을
더해 주세요.

식빵에서 잘라 낸 가장자리 부분을 활용해 티셔츠의
단추 부분을 만들어 붙이고, 다크초코 펜으로 단추 모양을
그려 넣으세요.

접시 위에 화이트초코 펜으로 '동동아 안녕' 글자를 적고
투명 구슬 1개, 사탕 2개를 올려 주세요.
이때 다크초코 펜과 핑크초코 펜을 사용해 책 속
동동이의 알사탕 모양과 비슷하게 꾸며 주세요.

그림책 속의 동동이와 똑같이 완성된 달콤 고소한 동동이를 보면서 책을 읽으며 느꼈던 감상을
자유롭게 이야기 나누어 보세요.

감자&고구마 독도

이번에 소개할 메뉴는 다양한 형태를 가지고 있는 감자와 고구마를 독도 모양과 비슷하게 크고 작은 조각으로 나누어 배치하는, 퍼즐 맞추기와 같이 재미있는 먹는 독후 활동이랍니다. 감태를 사용해 숲을 꾸며주고, 설탕과 고운 소금을 섞어서 파도를 연출하면 접시 위는 어느새 바다로 변신! 참외 갈매기와 태극기까지 꽂아 주면 우리 땅 독도 간식이 완성됩니다.

아이와 이렇게 함께하세요!

찐 감자와 고구마로 만든 독도를 먹으면서 아이들과 독도에 대해 이야기 나누어 보세요. '독도는 우리 땅' 노래를 듣고 부르며 간식을 즐기면 더욱 신나는 에듀푸드 타임이 됩니다. 10월 25일 독도의 날에 만들어 본다면 더 의미 있는 활동이 될 거예요.

재료

- 감자 3개
- 고구마 3개
- 참외
- 감태
- 설탕
- 고운 소금

도구

- 나무 꼬치

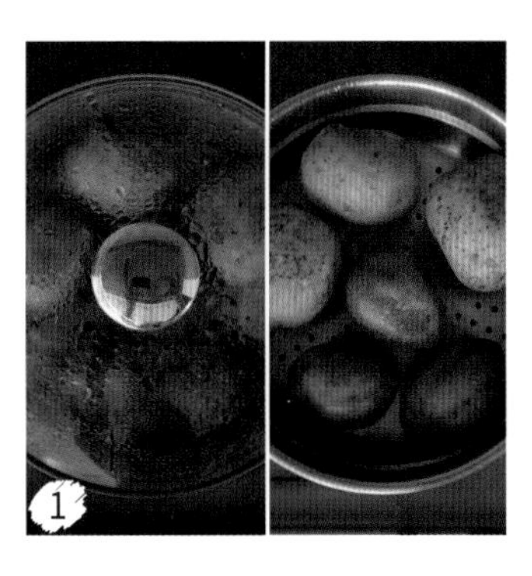

찜기에 물을 절반 정도 채우고 깨끗하게 씻은 감자와 고구마를 넣은 다음 30분 정도 쪄 주세요.

맛있게 익은 감자와 고구마를 꺼내 식힌 다음 껍질을 까고, 사진과 같이 접시 위에 독도의 형태와 비슷하게 감자와 고구마를 크고 작은 조각으로 나누어 배치해 주세요.

감자와 고구마 윗부분에 감태를 뿌려 숲처럼 꾸미고, 설탕과 고운 소금을 섞어 뿌려 파도를 표현해 주세요.

참외를 잘라 갈매기 모양을 만들어 나무 꼬치에 꽂은 다음 감자와 고구마 위에 배치해 주세요.

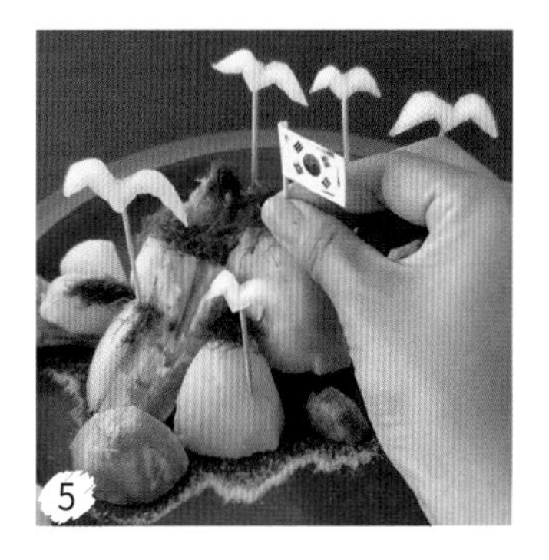

미니 사이즈의 태극기를 출력해서 자른 다음 나무 꼬지에 돌돌 말아 붙이고, 가장 높은 위치에 꽂아 주세요.

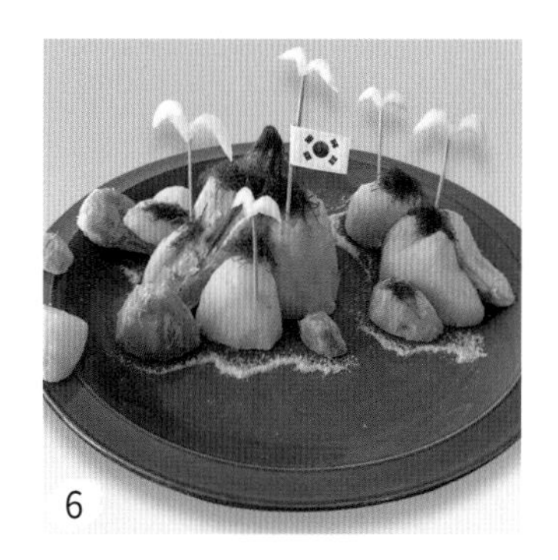

감자와 고구마로 만든 우리 땅 푸른 독도가 완성되었어요! 독도에 대한 이야기를 나누며 아이와 맛있는 간식 시간을 즐겨 보세요.

<두 아이 영재로 키운 엄마표 교육밥상, 에듀푸드>와 **함께 보면 좋은 책**

<추억을 만드는 귀여운 도시락, 캐릭터 콩콩도시락>

김희영 지음 / 176쪽

나들이, 홈소풍이 근사해지는 엄마표 캐릭터 도시락

- ☑ 도시락 하나로 78만 팔로워와 소통하는 콩콩도시락 책 2탄
- ☑ 아이들과 함께 준비하기 좋은 캐릭터 도시락 40여 가지
- ☑ 아이들이 좋아하는 동물, 과일, 리본, 별 등의 인기 캐릭터
- ☑ 주먹밥, 김밥, 볶음밥, 덮밥 등 밥 도시락과 빵 도시락까지 다양
- ☑ 도구부터 재료, 맛내기, 모양내기까지 가득한 꿀팁

<편식 잡는 사계절 아이 식단 아이 반찬>

방영아 지음 / 308쪽

3~10세 아이에게 꼭 필요한 영양과 맛을 담은 제철 식단

- ☑ 전문가가 알려주는 아이가 잘 먹는 반찬 노하우
- ☑ 제철 재료를 사용한 아이용 즉석반찬과 밑반찬
- ☑ 성장기 아이에게 꼭 필요한 영양소 가득 식단 81세트
- ☑ 밥, 면, 빵 등 다채로운 식단 구성
- ☑ 설탕 없이도 아이들이 좋아하는 맛이 가득

두 아이 영재로 키운 엄마표 교육밥상

에듀푸드

1판 1쇄 펴낸 날 2023년 4월 20일

편집장 김상애
편집 정남영
디자인 조운희
기획 · 마케팅 엄지혜

편집주간 박성주
펴낸이 조준일

펴낸곳 (주)레시피팩토리
주소 서울특별시 용산구 한강대로 95 래미안용산더센트럴 A동 509호
대표번호 02-534-7011
팩스 02-6969-5100
홈페이지 www.recipefactory.co.kr
애독자 카페 cafe.naver.com/superecipe
출판신고 2009년 1월 28일 제25100-2009-000038호

제작 · 인쇄 (주)대한프린테크

값 18,700원

ISBN 979-11-92366-19-7

'달걀피자 분수 놀이' 활동지 (92쪽)

$\frac{1}{8}$ $\frac{2}{8}$ $\frac{3}{8}$

$\frac{4}{8}$ $\frac{5}{8}$ $\frac{6}{8}$

$\frac{7}{8}$

'묶음과 낱개 과자 수 놀이' 활동지 (96쪽)

53	19	37	72
15	31	46	29
27	16	39	63
48	17	30	56

‘묶음과 낱개 과자 수 놀이’

활동지를 활용하세요!

‘달걀피자 분수 놀이’

활동지를 활용하세요!

'피노키오 김밥' 활동지 (180쪽)

‘피노키오 김밥’

활동지를 활용하세요!